李巧长 / 著

北京工业大学出版社

出版缘起

煮一壶咖啡，倒进杯里，其中便盛开来一朵咖色的玫瑰花，世间的独一无二。

每个爱喝咖啡的人都能亲手烹制出一杯只属于自己的咖色玫瑰花，来自一个只属于自己的水样情人的馈赠。

陪你哭，陪你笑，陪你玩闹，陪你沉思……日光下、灯光下、黑暗中，散发着特殊香气的巧克力色情人，暖暖地呵护着你思考的大脑、沉思的灵魂，在你需要的时候给你一点点甜，一点点慰藉。

相比盛赞，这仅仅是一点点美誉，爱喝咖啡的人对此没有说 NO 的权利，无论诋毁或赞誉，都不能不承认它的无尽魅力。那是一种万能的水的姿态，包含了灵魂深处的寂寞，用世界的语言给予了每一个渴求遇到自我的人尽可能的抚慰，送上了一个飘浮在咖色香气里的温暖拥抱。

想要一个浪漫的故事，它给你可能的邂逅。

想要一个奋斗的故事，它给你无尽的动力。

想要一个自由的故事，它给你追求的目标……

在很多个沙发、灯光、桌子背后，咖啡以一种沉默的温柔渲染着活色生香的历史，记录着普通人的喜怒哀乐，改变着人们的生活思维。

300 多年或粗糙或精心的酝酿，这个世界已经对这种风味特殊的饮品欲罢不能。海明威在《战地春梦》的间隙嗅到咖啡香，闻到了黎明破晓的味道；康拉德在《海的镜子》里依附于一杯热咖啡，享受着人生的扬帆远航，展示着自由于天地之间的风情；更有那些浪漫的人儿不惜用咖啡作为告别世界最后的礼物："如果还有一小时生命，我愿意用来换取一杯咖啡"；康德晚年离世前唯一念念不忘的是他的终身情人——咖啡。更有许多追求生命活力的人只有在挤进咖啡屋时，才能体会到生命的气息，把自己的心交给这咖啡色的液体，获求一点点活着的证明。

海明威、康拉德、弗洛伊德、巴尔扎克离不开咖啡，甚至列宁策划俄国革命也是在咖啡馆里。咖啡鼓励一代又一代年轻人努力向上，成为人类历史上被铭记的富有传奇色彩的精神领袖、文化精英。咖啡也赋予世界一种又一种追求前进、追求发展的文艺思潮、革命气质，时至今日咖啡更是与人文、艺术、思想密不可分，成为一个群体、一种精神的代名词。

咖啡和咖啡馆也成为催生浪漫的起泡剂。爱的空气里怎么能缺少咖啡的香气？迷离的气息中氤氲着咖啡的恶作剧，眼睛里流转着咖啡的美色，鼻子里回荡的是咖啡的娇气，这种奇妙的液体已经成为一种人与人、精神与精神交流的最轻松也最丰富多样的工具。

因咖啡而享受生活，因享受而爱上咖啡的人，都会洞悉到这样的真理：幸福是一种心态，一种情绪，而咖啡正是这淡定心绪的烹煮者。它是在厨房、客厅背后的舒缓，是在举手投足之间的淡定，是在品咂一口后从容谈笑的一种气度。这不是浅薄的奢侈，不是附庸的风雅，不是做作的高贵，而是细腻的品味，深刻的领略，是对生活、对性情、对人生的充分领悟，是一种古老却又全新的生活主张，一种怡然自得且水到渠成的生活艺术。

这是繁华世界里，这位水样情人交付于世界的一种生命哲学。灯红酒绿中的一抹咖啡色，代表了交融，预示着生命。每一位喝咖啡的人都会在与它的约会中感受到只属于自己的格调！

目录

Cofé

132 瓜德罗普岛咖啡
纯净的味蕾印象

作为法国外属地，瓜德罗普岛首先闻名于世界的是海盗，这片离法国本土约 7000 千米的海外领土让人对法国生起无限的遐思……适于梦幻旅行的地方，沙滩、阳光、椰子树是那么和谐地融合在一起。当然也少不了温暖的瓜德罗普岛咖啡。

138 坦桑尼亚咖啡
乞力马扎罗的狂野味道

提起坦桑尼亚，或许会有很多人摇头表示陌生，但若提起乞力马扎罗山——非洲最高的山峰，恐怕人人皆知。在这片素有“非洲屋脊”之称的地方，坦桑尼亚咖啡以其浓郁爽口的特点成了让人难忘的非洲味道的代表。

148 埃塞俄比亚咖啡
回味无穷的黑珍珠

对于“美女之国”埃塞俄比亚来说，除了热辣的阳光，性感的美女之外还有 件更为炫目的物品，那就是另一种闻名世界的黑珍珠：埃塞俄比亚咖啡。

162 肯尼亚咖啡
非洲的水果浓香

如果你相信人类起源于东非，那么肯尼亚自然而然成为人类和野生动物们的摇篮。无论是人类还是野生动物，大概都难以抵挡肯尼亚咖啡的迷人香气。倘若一杯肯尼亚咖啡能够令人忘记世界的存在，那么它也一定能令那些遥远的古老生命忘记沉睡，在浓香中咂舌称赞。

176 喀麦隆咖啡
别具一格的草原味道

号称“小非洲”的喀麦隆以其独一无二的特质向世界证明着自己虽然平凡却不俗的存在，无论是从冰川时期就幸存下来的世界最古老的热带雨林，还是丰富的草原、火山与河流和 200 余个民族部落等旅游资源，这些独具特色的异国情调，因为有着咖啡的飘香而在历史中更加馥郁芬芳。喀麦隆咖啡可以说是整个非洲的缩影，也可以说是喀麦隆最富有特色的味道！

184 苏门答腊咖啡
风味独特的丑咖啡

不花哨，不张扬，有的只是单纯的苦和那一点点让人断肠的甜，这就是苏门答腊曼特宁咖啡。它用独特的味道让人思考生活。如果爱咖啡，绝对不能错过曼特宁咖啡；如果不爱咖啡，最好抽出一点点时间，好让曼特宁咖啡听懂你。

196 爪哇咖啡
岛国上的苦涩诱惑

元朝建都后，皇帝忽必烈曾经不断派人前往远方的“千岛之国”印度尼西亚所属的爪哇岛，与其保持友好关系。他未必想到多年以后，那里的一种曾经被很多中国人觉得味道苦涩、无法理解的饮料会风靡世界，并成为著名的咖啡品牌。

Tullamore
Dew

JABLUM
The Coffee Experience Beyond Compare
100% JAMAICA BLUE MOUNTAIN COFFEE
ROASTED BEANS
brews 50 to 60 cups
Net Wt 454 g. (16 oz.)

它是世界上最优越的咖啡，也是世界上价格最高的咖啡之一。出生时受到神的恩宠——被湛蓝的加勒比海天空环抱，被纯净的海蓝气息滋润，在最高峰海拔 2256 米的蓝山诞生。牙买加蓝山就是一则干净温暖的童话，一个神秘又充满魅力的天堂。

牙买加咖啡

上帝的饮料

如果把历史比作一汪多年的水域，随手在里面打捞，也许收获的就是一尾鲜活的牙买加。从不难发现它存在于各处的身影，却很难轻易捉到它的灵魂。它又像常年活跃在水中、不时欢唱着生命之歌的蛙，恣意又随性地游走在时空里，被人熟悉却从未真正被人熟知。

牙买加，一个鲜活的自在。它在加勒比海静静存在，极速飞人博尔特在世人面前掀起了牙买加的面纱，众人却惊诧地发现原来它早就因为咖啡而美名远播，被人频频提起。

毫无疑问，即使对于那些对咖啡了解甚少的非咖啡族来说，牙买加蓝山都是一个极有诱惑力的名字。就是这样一个低调地生产奢华、被人们称为“泉水之岛”的岛国，幸运地成了热爱咖啡一族的圣地。

牙买加是一个多山的国家，据悉国内有将近一半的土地标高在 305 米以上，可以说是地道的“山国”。蓝山便是其中的最高峰——位于金斯敦的背后，曼德维尔的东边。

高 2256 米的蓝山可谓名不虚传，在到达金斯敦的英国士兵发现它之前，它就好比是一位生长在深闺不为人知的绝代佳人一样，大概从不知道自己有多么的美丽，也不知道以后自己竟会有颠倒众生的魔力。

回到那已经被人全然忘记的历史时刻：一小队士兵正拉着马匹、踩踏着疲惫的脚步缓缓行进在纵

牙买加蓝山咖啡档案

KAFEI DA

风味：香味浓郁，有持久的水果味，苦中带甜，苦后回甘。

烘焙建议：中度烘烤。

咖啡豆大小：★★★★

咖啡酸度值：★★★

口感均衡度：★★★★

深的山脉中。鸟儿从空中扑棱而过，阳光带着裙裾般的光晕戏谑地照在他们的身上。热汗、旅途、一望无际似乎处处相似的风景，都让这队士兵感到单调与无味，就在这时，一处山峰跃入了走在最前面偶然抬头的士兵眼里——他突然雀跃地呼喊：“看啊！蓝色的山！”

牙买加空灵的蓝山仿佛是上帝的宠儿，与生俱来便拥有温度适宜的天气，也有充沛的降雨，大抵正因如此，1717年，当咖啡传入法国，当时的法国国王路易十五便下令在牙买加开始种植咖啡，20年代中期，牙买加总督尼古拉斯·劳伊斯爵士从马提尼克岛进口阿拉比卡的咖啡种子，并开始在圣安德鲁地区进行进一步的推广种植。

环境如此优越，于是首度离乡的嫩芽便安逸地在这里扎下了自己的根。凉爽的天气，让嫩芽从未感受过炙热，常常深陷雾气的沼泽和频繁的降水更屡屡使嫩芽获取卓越的生长条件，再加上雨水调和，怡人气候和牙买加人使用的混合种植法（使咖啡在梯田里与香蕉树和鳄梨树相依相伴），咖啡

树不久便在蓝山扎根，并茁壮起来。越来越多的小庄园主也开始陆续种植起咖啡，前程一片大好，势头更是欣欣向荣，但喜悦的同时也迎来了种植困难。按国际标准来算，即使是这个地区最大的庄园也属于小规模种植，即使很多庄园主的家族已经为此劳作了两个世纪。不期而至的飓风、种植劳作费用的增加与梯田无法进行机械化作业等问题使得这些庄园主的咖啡种植一直举步维艰。没有充足的劳动力、无法配合的机械作业，不能合理化的种植为咖啡的生产带来很多问题。

1838 年，牙买加政府宣布奴隶制废除的政策为蓝山咖啡的种植与生产带来了新的转机。大量的奴隶不仅获得了自由，而且还被允许耕种自己的土地，他们怀着雀跃的心情纷纷前往蓝山——听说那里急需咖啡种植人手。勤劳的蓝山人不仅在国内出售自己种植的咖啡，还通过种种渠道将咖啡出口到了英国。渐渐地，蓝山咖啡出色且独特的品质引起了英国贵族的注意，经过口口相传与英国上流社会的各路追捧，蓝山咖啡逐渐闻名于世。

令人惊讶的是，只经过短短 8 年的时间，当初名不见经传的蓝山咖啡就完成了华丽的转身，一跃成为世界顶级咖啡。仅每年从牙买加出口的纯正咖啡数量就高达 375 吨（1 吨 =1000 千克）。到了 1932 年，蓝山咖啡生产更是达到了高峰，年收获的咖啡竟多达 15 000 吨，成为牙买加咖啡的盛产地之一。时至今日，牙买加蓝山咖啡依然牢牢占据着牙买加咖啡的至尊之位，圣安德鲁地区、波特兰产区和圣托马斯产区是最主要的三大产区。

蓝山咖啡也面临过一次重大的商业危机。20 世纪中期由于质量有所下降，外国采购商拒绝再与牙买加政府续合同。为挽救蓝山咖啡的命运，牙买加政府专门成立了咖啡工业委员会，严格监管蓝山咖啡的生产与鉴定。1960 年开始，牙买加蓝山区域，受飓风影响而使咖啡生产陷入困境，大部分庄园的设施和咖啡树被摧毁。1969 年，日本投资牙买加咖啡种植业，并愿意为蓝山咖啡支付保证金，蓝山咖啡的产量和加工质量才得以逐步恢复。

然而，并非所有因蓝山之名而生长的咖啡都能称之为蓝山咖啡。严格来说，只有在 3000—5000 英尺（1 英尺 =0.3048 米）的海拔高度生长出的咖啡，才是正宗完美的 100% 蓝山咖啡，被称之为 Blue Mountain Coffee，而其他在海拔 3000 英尺以下种植的咖啡则只能称为“高山咖啡”，它们专用的名称为 High Mountain Coffee。高山咖啡种植总量为蓝山咖啡的 5 倍，这些咖啡被广泛种植并被应用于出口和旅游特产各个方面。至于海拔 5000 英尺以上的蓝山区域，因其丛林密布，各方面条件均不适宜，因此并不种植咖啡。

可以说，无论是从口感还是从品质上来讲，蓝山咖啡都有着其他种类咖啡难以比拟的特色。对于蓝山咖啡为什么如此优秀，专业的咖啡制作人给出了这样的解释：“蓝山山势险峻，空气清新，没有污染，终年多雨，昼夜温差大，有着得天独厚的肥沃的新火山土壤。在山顶的雾区，能见度不过几米，湿度很高，温度很低，这会让咖啡豆生长得非常缓慢，需要10个月才能进行手工采摘。”正是如此独特的环境才成就了今日蓝山的历史。

面对如此一价难求的珍宝，明智的牙买加政府并没有因为蓝山咖啡出名，就不顾质量大量生产，而是以品质优先。如果有人将牙买加咖啡或者高山咖啡冒充蓝山咖啡销售，一经发现，将被处以重罪，尽管那些咖啡品质一样优秀。

不同的地区种植出来的咖啡具有不同的风味——一个地区所独有的土壤、气候条件和独一无二的种植方式能使咖啡具有独一无二的风味。独一无二的牙买加蓝山生产出了独一无二的蓝山咖啡，命中注定它将是最有魅力的极品咖啡。

它被称作“蓝宝石”，也被昵称为“咖啡美人”。有着宝石的罕见尊贵，也有美人稀世的优雅。但凡见识过它卓绝魅力的人都忍不住成为它永生的囚徒——从视觉到味觉的全面臣服。这，就是蓝山咖啡——出自上帝之手的咖啡王者。

是谁说有一种沉淀来自时间，有一种幸福来自苦楚，有一种快乐丢不开酸涩？纷繁的脚步踏乱了宁静优雅的生活，庄园般的宁静从容在喧闹的车流人海中逐渐被隐匿。思考的人们因而更加追慕一种风度卓绝的清高与绝世独立，但不能轻易离弃的生活让人们不能淡定地获得这种轻松与休闲。

必须不断寻觅，不间断培植，不放弃地历经种种考验，才会获得一世的陪伴与相守。仿佛正是为了印证在这个“速溶”的时代也不缺乏长相厮守的惊喜，上帝之手在蓝山播种了这颗神奇的种子。它

Kaffee

的诞生与成长拥有得天独厚的背景——独一无二的地理位置、温度、气候——刚一出生就拥有能够沁人心脾的醇厚质感、馥郁芬芳的口感和惹人遐思的想象刺激，让人意难忘。

蓝山咖啡天生拥有一种浓烈的情调，让人情不自禁忽略眼前的所有，人群中一眼发现它、注意到它，并为之留恋。和以苦味为主导的咖啡相比，蓝山苦中带甜，苦后回甘，好像热爱孩子的严厉父亲内心始终保留的那份爱的微笑；和以涩感为主的咖啡相比，蓝山显得更为润滑，仿佛天鹅绒微微滑过翼下宝石的那抹温存，但又不乏威严；和以口感浓厚为主的咖啡相比，蓝山咖啡更为放松，浓烈的诱惑与舒适的放松完美融合，总是能在最恰当的时刻释放一水轻柔，将一派狂野收敛为一抹舒适。

蓝山咖啡还拥有一种独特的酸，没有过分强烈地盖过甜味，也没有过分中和苦感，但也没有因此就让人忽略它自身的存在，它与苦、甜恰到好处地和谐在一起，总是悄悄出现在一角，不刻意却又强烈地让人感受到自己的存在。蓝山咖啡拥有天生的能量，温存中不乏英烈，热烈中不乏内敛，放手中又自然地有一丝牵扯。它就像恋爱，总是让人欲罢不能，回想迷恋。

咖啡美人纯净而迷人，这位咖啡中的典雅角色自有一种忧郁的气质。它深沉，不张扬；拥有不可抵挡的魔力，让人沉醉又让人迷恋。“北方有佳人，绝世而独立。一顾倾人城，再顾倾人国。”喜欢蓝山咖啡的人们，尤其是男人也多半是世间尤物。他们多半儒雅又浪漫，周身散发着笃定、淡雅、超脱的气息，携手蓝山咖啡，如同穿越了尘世纷扰，欲望之河从面前潺潺流过，他们却能淡定地静伫一旁，在宁静中品味现世的快乐。咖啡美人身边的人们用一生的坚忍换来成功后的和平，用一生的淡定洗去曾经的浮躁，使生命趋于平静，静静地散发出迷人的芳香。

享用蓝山咖啡，得到的绝不仅仅是一种饮品对唇齿和胃口的滋润，蓝山咖啡带给我们更多的是一种心的平静和凝思，是一种生命完美无缺的体验，是在一种自然、和谐、质朴的芬芳下展现一份内在细腻动人的情致。最适合在午后炙阳下饮用一杯蓝山咖啡，精致的咖啡勺与杯壁愉悦地碰撞，将思绪一下子带到浪漫温馨的牙买加高山，清澈的蓝天、海蓝的水面和密集的种植林，往事随着荡漾开去的咖啡波纹缓缓展开，寻找逝去的浪漫，享受美丽的人生。从一杯蓝山开始，在这样苦、甜、酸相继到来的时光里聆听自己，欣赏自己，将心偷偷带离喧闹人群。

毫无疑问，喜欢咖啡、愿意拿出时间和耐心冲泡咖啡的人骨子里都是浪漫的人，是懂得品味生命的人。迷恋蓝山咖啡的人们更是如此，无论职业如何，他们骨子里都会有一种儒雅的气质。享用蓝山咖啡的人，生活中也不缺少对品质的追求，像蓝山的诞生与成长一样，他们多多少少都是有些人生经历的人，面容和心境都透着沉稳。

蓝山咖啡坚守自己的本性，喜好蓝山的人很少放糖也很少加奶，最原始的浆液呷吸入口，当浓郁的液体在口中酝酿沉淀，甜酸苦香充斥味蕾，当液体沿着喉咙、食道慢慢滑进胃里，蓝山的味道就越发淋漓尽致地充斥在口中、心里，霸道也温柔地刺激着身体里的每个细胞、每根神经。

蓝山咖啡注定要生活在世人的注目中。它生得浪漫优雅，也洒脱自在，它的尊贵暗浮在自己独特的香气里，搅拌着人们理性与感性的神经，它甚至可以让原本平淡的咖啡壶变得光灿耀眼、贵气堂皇，它用自己与生俱来的贵族气息，让生命的活力跳跃在水与咖啡游动的香气中。

满足口腹之欲，品的是食之欲望；满足视觉的贪婪，品的是眼睛的渴望；满足身心的愉悦，品的是内心的希望。上帝通过自己的飘窗，大概察觉出了人类对于享受所存的丝丝渴望，于是在一个空气清新的上午，他精挑细选了一片散发着海蓝色诱惑的山区，将自己的咖啡杯随手倾覆一倒，在人间播种下了一片生长奇迹。

这是来自上帝的饮料。

站得高看得远，上帝对于窗外的风景也有挑剔，英国女王伊丽莎白曾盛赞牙买加蓝山是“世界上最美丽的地方”，而这个地方恰巧也是上帝最喜爱的窗外风景之一：一个地处咖啡带，拥有肥沃的火山土壤的地方，空气常年清新，绝少污染，气候湿润得宜，终年多雾多雨（平均降水为 1980 毫米，气温在 27 摄氏度左右），是适合小清新眺望的地方。事实证明，上帝的选择果然没错，这样的气候造就了享誉世界的牙买加蓝山咖啡，同时也造就了世界上最高价格的咖啡——一个拥有显赫家世背景的佳人。

要说蓝山咖啡究竟为何能傲视群雄，悠然摘取世界上最让人渴望的咖啡的桂冠，那必须得从蓝山咖啡所拥有的独一无二的品质说起了。一般的咖啡苦味较足，回甘不够，人工加工的咖啡甜味又太腻，掩盖了咖啡本身的烈性。而蓝山咖啡却是吸取日月精华，天时地利人和之下自然地生长，非常好地避免了这些不足，幸运地拥有了所有好咖啡的特点：口味既浓郁香醇，又有自己独特的味道。蓝山咖啡的甘、酸、苦三味搭配可谓完美，所以完全不具一些人比较抗拒的苦涩味，仅有适度而又很完美的酸味，让味蕾享受不尽，小小刺激之后难忘回甘。蓝山咖啡的风味浓郁、均衡，拥有令人惊讶又让人喜欢的水果味和酸味，不仅能从口味上满足人们的各种需要，从营养上也比人工咖啡更为健康。除此之外，优质新鲜的蓝山咖啡香味持久，就像饮酒人所说的那样回味无穷。

蓝山咖啡是讲求内在品质的物品，正因为如此，它从不会轻易被超越，也因此注定只能诞生在牙买加蓝山，因为同样的咖啡树种无论被种植到气候类似的夏威夷、肯尼亚、巴布亚新几内亚还是其他任何地方，都不能产生这般独特又令人难忘的味道。这种味道是纯牙买加蓝山咖啡特有的强烈而又诱人的优雅气息，是其他咖啡望尘莫及的。

蓝山咖啡卓越的品质也表现在其诱人的形态上。冲泡好的蓝山咖啡的液体在阳光下会呈现一种华丽又养眼的金黄色，熠熠生辉，仿佛在那一刻阳光也忍不住贪恋它的美与口感，而一个猛子扎进了那透亮的水中，在金

黄色的明朗中带出几丝享受的温暖，轻松而又愉悦，可以说蓝山咖啡是世界上唯一酸苦兼备又同时能让人万分享受的咖啡。

蓝山咖啡为何能拥有如此独特又尊贵的品质？这根源于其天然的生长环境与严格的采摘工序。蓝山咖啡的咖啡树全部长在陡峭的山坡上，因此采摘咖啡豆的过程变得非常困难，非当地熟练的女工根本无法胜任。采摘时女工还必须选择恰到好处的成熟的咖啡豆，因为未成熟或熟透了的咖啡豆会影响到咖啡的整体质量。

从采摘开始到最后加工出厂的所有程序都会被严格控制，否则咖啡的质量将受到影响。因此，采摘后的咖啡豆会即刻进行人工处理，采摘当天就需要人工去壳，之后让其发酵12—18小时。此后有工人对咖啡豆进行认真的清洗和筛选。再接着就是严格地晾晒，所有经过清洗和筛选的咖啡豆都必须在水泥地上或厚的毯子上进行晾晒，直至其自身湿度降至13%左右。完成上述工序后，工人会把咖啡豆放置在专门的仓库里进行储存。需要时再拿出来焙炒，然后再磨成粉末。

正是因为如此严格和精密的采摘与制作程序才造就了如今高品质的蓝山咖啡，现在这种咖啡已达到了被狂热喜爱的地步。

不仅如此，为了进一步保证蓝山咖啡的高品质，牙买加政府还于1950年特别设立了牙买加咖啡工业委员会，专门为牙买加咖啡制定质量标准，并监督质量标准的执行，以确保牙买加咖啡的品

最好的蓝山咖啡豆自然非 Peaberry 莫属。产自海拔 2100 米，人工精挑细选出的小颗圆豆也被很多人称作“珍珠豆”。这种咖啡香味尤其浓郁，静下心来，嗅鼻细品，会有一种持久的果香，仔细凝视，每粒咖啡豆的颗粒都很饱满，非常可爱。冲泡完毕，稳稳地把杯凑近鼻子，能感觉到咖啡的表面上散发出的一些矜持的香味，变化得层层叠叠，有些意境，时而幽远，时而近身，非常撩人心魄。倘若轻轻啜吸一口，一时找不到更多的词语来形容，大概只能想到的一个词就是：完美。和一般的蓝山咖啡相比，Peaberry 的味道在苦和涩的口感上有所增强，初入口时感受到的那一点点酸会慢慢融合直到慢慢自然消失，顺着喉咙滑进身体，会感觉到更多的柔和、平衡与一份忍住不咂巴嘴的浓郁。

质。委员会对牙买加出口的生咖啡和烘焙咖啡颁予特制官印，是世界上最高级别的国家咖啡机构。

险峻及高海拔的山、细心的耕作及收割、精细的人工磨粉、品尝及分配造就了这样独特的存在，如皇宫贵族般的细心呵护使得牙买加蓝山咖啡的品质至今无法被超越。在蓝山的世界里，你仿佛能看到杯中那份纯净的味道，这味道曾被咖啡迷们这般描述："牙买加的蓝山咖啡有着芳香、顺滑浓厚的奇妙感觉，就像宝石般闪烁着一种奢华诱人的光辉，复杂却温和。你为了知道我在谈什么而必须品尝它。"

任何人，尤其是那些深深知悉咖啡的魅力与神秘的人们，对蓝山咖啡都会怀有一种景仰。如同劳斯莱斯汽车和斯特拉迪瓦里制造的小提琴一样，当某种东西获得"世界上最好"的声望时，这一声望往往使它形成了自己的特色，并变成一个永世留传的神话。对蓝山咖啡而言，那特色就是这种质地纯正的芬芳，是来自"蓝山咖啡豆"本身的清香，是一种清新肺腑的感觉，随时随地都能令人们陶醉其中，无法自拔。

如果喝上一杯上品蓝山，你大概就会理解当中世纪咖啡初抵意大利时，面对很多“将咖啡逐出”的反对声时，教宗克雷门八世却在亲自啜下一口咖啡后情不自禁地喊出“让咖啡成为上帝的饮料”时的心情。你或许会问是什么使牙买加的蓝山咖啡如此特殊，答案就是：它的一切！

提起世界上最贵的咖啡、最有名的咖啡，牙买加蓝山的名字自然而然地呼之而出，但却很少有人知道为什么它的价格会如此之高，还一豆难求。

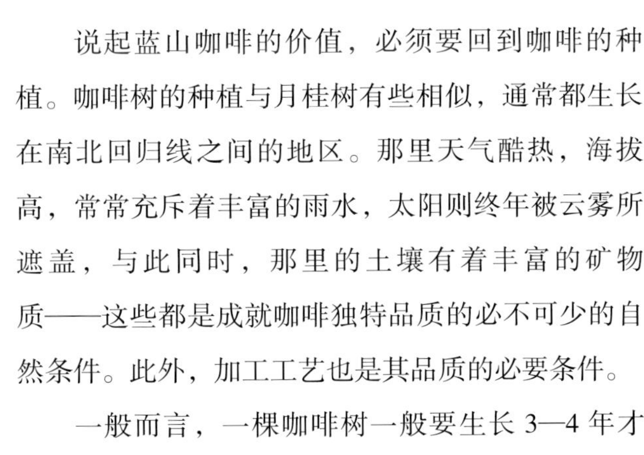

说起蓝山咖啡的价值，必须要回到咖啡的种植。咖啡树的种植与月桂树有些相似，通常都生长在南北回归线之间的地区。那里天气酷热，海拔高，常常充斥着丰富的雨水，太阳则终年被云雾所遮盖，与此同时，那里的土壤有着丰富的矿物质——这些都是成就咖啡独特品质的必不可少的自然条件。此外，加工工艺也是其品质的必要条件。

带有中国瓷器风格的皇家比利时咖啡壶

一般而言，一棵咖啡树一般要生长 3—4 年才开始结果，有一些是必须生长 5 年以上才能一年收成一次，每次大约为 450 克的咖啡果，咖啡豆正是生长在这些果实内。到了一定的生长周期，咖啡树会开出一种带有清新茉莉香味的小花，秋后会结出果实。随着咖啡果的生长，它的颜色从绿色变成橙色，继而变成浅红色，最后成熟在深红色。每到此时，就需要及时对这些果实进行人工采摘。因为咖啡果成熟的时间不同，采摘工人经常会反复到同一棵树采摘5—6次。之后人工摘除果肉、果皮，取出咖啡豆。咖啡豆会被品级评核，一般以其颜色和大小作为考量因素。

在最初的100年里，蓝山咖啡在牙买加的种植规模是非常小的，产量有限，加上采摘与人力的耗费，注定其价值不会太过亲民。即使是在现今工业机械化程度发展如此迅捷的时代，蓝山咖啡的种植依然非常有限。为了保证蓝山咖啡的最佳品质与口碑，牙买加政府仍然秉承着过往一直遵循的严苛的种植、采摘、加工与评级程序，人工采摘的数量与加工的标准不比第一个100年差。同时，因海拔、气候等的特殊限制，拥有顶级盛名的牙买加蓝山咖啡至今也仅仅拥有6000公顷（1公顷=10 000平方米）的种植面积而已，而产量更是从来都在900吨以下。

牙买加是世界上咖啡生产量较小的国家之一，每年收割的咖啡产量大概在4万袋，产量非常少。流动在营业场所的咖啡，由于需要大量快速供应，以牙买加蓝山咖啡的生产量与加工来讲显然并不属于此列单纯以快取胜的饮品之列。蓝山咖啡更注意以质取胜，因此，在正宗的咖啡馆喝咖啡，我们常常能发现他们把咖啡、糖、奶三项分得很清楚，许多咖啡馆的价目表上都名列黑咖啡与加奶咖啡的不同价格，有些甚至连分量也列

100%纯牙买加蓝山咖啡对人体健康的维护作用也一定是其他咖啡所望尘莫及的。一般来说，咖啡中所含的咖啡因性味辛香芳醇，极易通过脑血屏障，刺激中枢神经，促进脑部活动，使头脑较为清醒，反应活泼灵敏，思考能力充沛、注意力集中，提高工作效率。但咖啡因含量过高，也会适得其反，影响到身体的健康，而100%纯牙买加蓝山咖啡的咖啡因含量大约在其他品种咖啡的一半以下，既能恰到好处地提神醒脑，也能保证人体的健康。

爱马仕骨瓷咖啡壶和咖啡杯

入价格差别的因素，可见他们对咖啡品质的划分是相当严格的。

而且，由于日本始终投资牙买加咖啡业，曾经帮助牙买加的咖啡种植者战胜飓风的影响、解决劳力等问题，所以现在的蓝山咖啡大都为日本人所掌握，同时他们也拥有蓝山咖啡的优先购买权。对于年产量本身很少的蓝山咖啡，一般国家确实是一豆难求，因为现在90%的蓝山咖啡都被日本人优先购买，而世界其他地方只能一起分享剩下的10%的蓝山咖啡。这就是说，每年牙买加生产的4万袋咖啡中，只有近4000袋咖啡是除日本以外的其他国家能够享受到的，数量可谓少之又少。因此不管价格多高，蓝山咖啡总是供不应求。坊间大量自称正宗的蓝山咖啡，动辄几十元一杯的售卖都难保其真。

得天独厚的生长条件，孕育出蓝山咖啡的独特风味，也使其跻身“极品咖啡”之列，享受着与其他咖啡不同的“高价待遇”。能号称100%纯蓝山咖啡的产品都是指产自牙买加东部蓝山山脉特定范围内的咖啡，这些咖啡种苗在苗圃中培育约需 2 年，成长期间皆使用有机肥料，收获时更是以人工方式一粒一粒采收。所有的加工、烘焙、包装过程，都必须经过牙买加咖啡工业局严苛标准的品质管理，才能被证明为“纯牙买加蓝山咖啡”。要知道大多数的咖啡生产国只愿意种植其他产量多但品质较差的品种，而牙买加却以品质为优先考量，宁愿牺牲蓝山咖啡产量，来换取蓝山咖啡最佳的品质。而且严苛的制作程序也让蓝山咖啡的生产成本居高不下，对外售卖时自然也会售价不菲。

但即使这样，人们还是会对它产生源源不断的好奇，宁可一掷千金或者直接前往牙买加去购买纯正的蓝山咖啡——因为所有人都想知道这种投入了极大代价的咖啡会是什么样的极乐味道。

从经济上来说，蓝山咖啡的一豆难求是造就其高价值的主要原因。但如果仅仅因为历史和物以稀为贵而引来众多痴迷粉丝，未免有损蓝山咖啡的内涵。绝对不要以为蓝山咖啡只是徒有虚名而已，实际上因为其特别的生长环境与制作工艺，蓝山咖啡的营养价值也很高，不容小觑。

蓝山咖啡独特的味道一直是令人沉醉的地方，它独有的酸与苦、甜与辛的配合，刺激却又非常舒畅的味道能够有效刺激胃肠分泌胃酸，促进消化。除此之外适量饮用蓝山咖啡，还可加速脂肪分解，增快身体新陈代谢，增加热能消耗，有助减脂瘦身。在维护人体健康、促进内部协调的功用上，蓝山咖啡更是有着极妙的地方。其适度的咖啡因可促进肾脏机能，排出体内多余的钠离子，提高排尿量，改善腹胀水肿，有助减重瘦身。如果能时常饮用正宗的蓝山咖啡，还可以有效治疗气喘病。

能静下心来慢慢品味蓝山咖啡的人性格大多比较温和，美味的咖啡不仅可以令人精神兴奋，心情愉快，还可以帮助人们抛开烦恼、忧郁，纾解压力，放松身心。

综上所述，这样的咖啡尤物高价难求自然就在情理之中了。

BLUE MAHOE ESTATE
ROASTED & GROUND COFFEE
COFFEE
BLUE
MOUNTAIN
COFFEE

老客栈庄园咖啡

牙买加蓝山咖啡中的坐镇名品当属老客栈庄园咖啡。老客栈庄园是种植蓝山咖啡的顶尖庄园，于1968年由英国移民崔曼在蓝山北麓1300米处创设，属于家族式咖啡庄园，从栽植到烘焙咖啡豆全由家人一手包办。出生于伦敦的庄主崔曼多年来苦心钻研咖啡豆。当时他慧眼独具，认为农庄水土、高度均不同，生豆质量也不一样，把良莠不齐的生豆混在一起，会埋没真正好的咖啡豆，于是他站出来争取“自种自卖”的权利。在牙买加，绝大多数的蓝山咖啡豆都是由牙买加咖啡局统一向农场采购，混合制作的。唯有老客栈庄园等四家顶级的农庄可以自行生产与销售由单一咖啡豆制作的咖啡，因此其质量犹如高级单一麦芽威士忌一般纯正，给人带来最出众的品位与质感。

老客栈庄园位于蓝山多云多雾的北坡，云层较厚，温度较低，但不至于下霜，因此咖啡果子成长较慢，咖啡树开花结果后，青果子变成红透的熟果子大概要 10 个月的时间，也就是说成熟期比一般产地的咖啡长 4—5个月，因此咖啡豆的糖分能够充分形成，所以老客栈的咖啡喝起来比较甘甜。其综合口感温婉迷人，交错着木头清香、坚果芬芳与单宁微酸，形成鲜明的高雅风味，是蓝山中的极品。

庄主崔曼坚持采用余荫式栽作法，尽量少用化肥和除虫剂，因此在老客栈庄园 520 000 平方米的咖啡田里，每周只生产 800 磅（1 磅 =0.4536 千克）咖啡，产量十分稀少，每磅售价也比一般的蓝山咖啡贵一倍。目前，一包半磅的牙买加老客栈顶级蓝山咖啡豆的售价相当于 520 多元人民币。老客栈庄园每年生产 4 万磅咖啡，不到牙买加蓝山总产量的 2%，比起全球每年 140 亿磅的咖啡产量更是微不足道，但是老客栈蓝山咖啡的名气却历久不衰。

一些小庄园也种植蓝山咖啡，如：瓦伦福德庄园、银山庄园和亚特兰大庄园等。即使是这个地区最大的庄园，按国际标准来算，也属于小规模种植，其中许多庄园主是土地拥有者，他们的家族已经在这块土地上劳作了两个世纪。

1759 年玮致活的绿釉菜花咖啡壶

事实上，只有在蓝山地区海拔 1800 米以上的 60 000 平方米土地上培育出来的咖啡才能授权使用“牙买加蓝山咖啡”的标志，这极少的产量让“蓝山”从一个产地变成了一个咖啡的等级，它们被称为“闪着金光的豆子”。

它并不出众，也无显赫的身家，有一帮平凡到没有特色的亲戚、朋友，平凡地出现在大众眼前，似乎随时可以忽略而过。但在不经意的时刻，相伴着身边被人交口称赞的一等贵客出场刹那，它的绝代风华自然而然地占尽上风。小隐隐于世，大隐隐于市——后者正是对巴西圣多斯咖啡的绝佳写照。

巴西咖啡

顺滑畅快的大众味道

提起巴西，首先想到的是足球，然后大概就是火热的桑巴舞。如果非要再列举一个，那么必然会是咖啡。尽管对这个国家来说，咖啡已经成为像空气、风、雨等一样自然的，不可或缺的一种存在物，但对于未曾走近它的人来说，咖啡始终是一种也许会不经意忽略，但只要一提起就会心潮澎湃的特别存在。

不用再说极富传奇的亚马孙河、浩瀚的原始热带雨林，也不用重提神秘的印第安原始部落、浪漫的里约海滩，至于现代繁华的圣保罗、首都巴西利亚都可以暂且放在一边，现在我们所要介绍的是这里有让所有咖啡爱好者们都为之疯狂的东西：巴西圣多斯咖啡。

同摩卡一样，圣多斯是一个港口名称，是巴西东南部大西洋上一座船运咖啡的港口，出口来自不同产区的咖啡。巴西最大城市圣保罗四周山谷地区的咖啡是巴西最有代表性的咖啡，巴西圣多斯咖啡是巴西种植的多种咖啡中盛名最大的一种。

英语中这种咖啡的全名为“Brazilian Bourbon Santos”，翻译过来就是“巴西波旁圣多斯”。波旁岛就是现在的留尼旺岛，曾经是阿拉比卡咖啡的繁盛之地，产于该岛的阿拉比卡咖啡树被引种到世界各地，巴西波旁圣多斯咖啡则是阿拉比卡咖啡的后代。“圣多斯”来自圣多斯港，从圣多斯港出口的咖啡中，有来自不同产区的巴西咖啡，质量比较有保障的来自于圣保罗、巴拉那州和米纳斯吉拉斯州南部的咖啡，其中米纳斯吉拉斯州出产的圣多斯咖啡质量最好。

巴西咖啡的历史悠久，说起咖啡的培植还要追溯到 18 世纪中期。在西方世界里，咖啡和黄金同样是财富的象征。1727 年，巴西与北方邻国法属圭亚那发生边境纠纷。为防止事态扩大，巴西总督派军官莫罗巴列塔率团前往法属圭亚那进行谈判，试图以和平方式解决两国间的争端。莫罗巴列塔从未想到，此次一去，竟然会不小心让自己自此列入巴西历史，成为史上的有功之臣，并被后人美誉为“咖啡之父”。

法属圭亚那于1722年引入咖啡，先在总督府后院试种，获得成功后又在附近的农庄小规模种植。总督视咖啡为“国宝”，生怕被邻国、特别是当时在军事和经济上都占绝对优势的巴西掠走，所以，在咖啡园四周都有荷枪实弹的士兵昼夜巡逻。

莫罗巴列塔抵圭亚那后，咖啡园更是戒备森严，重兵把守，不让莫罗巴列塔一行靠近半步。然而，这位英俊潇洒的年轻军官深得总督夫人的好感，不但被总督夫人破例邀请品尝咖啡，还获夫人亲自陪同去参观重兵把守的咖啡园，更为难得的是慷慨的总督夫人还将一把成熟的咖啡豆和5棵咖啡苗赠给莫罗巴列塔。莫罗巴列塔得到咖啡豆和树苗之后立即离开了圭亚那，将这些“国宝”护送到巴西。从此咖啡在巴西安家落户。

在早期的巴西历史上，咖啡的起步非常缓慢。大约1773年，咖啡由北方传入地处东南沿海的巴西传统农业区：里约热内卢和圣保罗。由于这里气候很适合种植咖啡，加上土地肥沃、劳动力廉价等因素，巴西的咖啡生产得以迅速发展。1810年起，在一些大庄园主的带领下，巴西的咖啡庄园连片兴起，最多时曾分布着2000多座庄园。巴西适宜的气候让大规模的咖啡种植很快就进入繁盛时期。

自19世纪50年代至80年代这里渐渐成为里约的咖啡盛世。随后又形成持续近一个世纪之久的“咖啡繁荣期”。咖啡大面积种植，在巴西被视为继木薯、甘蔗之后的“第三次绿色革命”。

到20世纪初，巴西的咖啡产量已占世界总产量的75%。咖啡占有国家出口总收入的2/3，从而使巴西成为当之无愧的“咖啡王国”。近30年来，

随着巴西现代工业，特别是钢铁、造船、汽车制造等工业的崛起和大力发展，咖啡在国民经济中的地位逐年下降，但它仍是巴西的经济支柱之一。巴西现在是世界上最大的咖啡生产国和出口国——其咖啡产量占世界咖啡总量的 1/4 以上，咖啡出口量则占世界的 1/5 以上。目前，巴西咖啡种植面积约 220 万公顷，全国有 100 万人（占人口总数约 7%）从事与咖啡有关的经济活动，年出口额达 20 亿美元左右。

如果说蓝山咖啡是难得一见的绝世美人，摩卡咖啡是身世堪忧的珍品，那么巴西圣多斯咖啡就是熟悉自然的朋友。美人难得，珍品少见，两种虽好却不易亲近，生活里总少了那么点自然亲密的感觉。尊贵不一定必须要遗世独立，有时，能够像朋友般亲近，如知己般陪伴，更是生活中最值得珍惜的一种尊贵。

说到喝咖啡，那么和谨慎讲究的咖啡饮用者相比，巴西人喝咖啡显得更为随意爽朗。他们的咖啡正如巴西的男人无一不会踢足球一样，无处不在，无时不在。巴西人视喝咖啡为一种饮食文化，正如一位巴西著名作家所言：“咖啡已融化在巴西人的生命基因中，它业已成为巴西人生活不可缺少的组成部分。”这个以足球运动、热情桑巴为特征的国度一点也不缺少优雅的浪漫，纵观整个国家，几乎每个巴西家庭都备有一套专门用来烧煮咖啡的器具。有客人来访，热情好客的女主人要做的第一件事就是给客人送上一杯浓浓的咖啡。得天独厚的自然条件，嗜饮咖啡的人文条件是巴西成为“咖啡王国”的基本原因。

与此形成鲜明对比的圣多斯咖啡，虽然不像巴西人那样豪放和富有表现力，但它温和的气质、活泼亲近的酸味以及清爽调和的风味，让那些热爱圣多斯咖啡的人们自然而然地把它当成了一位含蓄、有内涵的朋友。

虽然巴西咖啡多种多样，但圣多斯咖啡绝对是最适合大众口味，也是能在慵懒自然中展现巴西风土人情的一种咖啡。圣多斯咖啡属中性豆，因其风味之佳而被美誉为咖啡之冠，它能与其他不同风味的咖啡和平共处，通过基础的调配产生更为独特的风味，这种以不变应万变的基础气质最适合有贵族气息、幽默感和极具人际关系的人饮用。

品质上乘的巴西圣多斯咖啡简直可以与蓝山咖啡相媲美，如果说蓝山是咖啡中的国王的话，那么巴西圣多斯咖啡就是咖啡王国中的隐士——低调却富有相当的才华，有坐看云卷云舒之能。这位隐士，一旦出现在人们的视线里，就拥有让人们无法移步的魅力。

巴西圣多斯咖啡像所有的巴西咖啡一样，最适于鲜嫩的时候饮用，因为越老酸度越浓。大概正因为如此，圣多斯咖啡才彻底地展现了巴西人活泼爽朗、乐天知命的奔放性格。它如同极具韵律的桑巴舞和群体发狂的狂欢节一样，既奔放热烈、惊天动地，又异彩纷呈、回味悠长，在之后每个冷静下来的时刻都撩拨着咖啡爱好者的心弦。

COFFEE

作为咖啡大国，巴西的咖啡种类非常多，口味也因此多样。比如北部沿海地区生产的咖啡具有典型的碘味，常能使人联想到大海的气息。所以，巴西无疑是咖啡爱好者的天堂与圣地，因为这里的空气中处处充斥着咖啡的香气，而生活也以咖啡的繁复多变而变得充实。

要想掌握巴西咖啡的基本品味，有必要了解下巴西咖啡的生产情况。由于在巴西咖啡种植面积非常广，而且咖啡生产的机械化程度也很高，因此巴西人经常将成熟和青涩的咖啡果实混杂在一起收获，因此，在这些地方出产的咖啡中时常混有咖啡枝叶，为后期咖啡磨制的口味添加了不同的风味。巴西咖啡豆依然采用晒干法来进行干燥处理，咖啡工人将成熟度不同的咖啡豆放在一起，在阳光下进行暴晒，这样，咖啡豆一开始就掺杂了土壤和各种杂质的味道。

与蓝山咖啡、摩卡咖啡比较而言，巴西圣多斯咖啡其实不算有特别与众不同的口味，但是也没有明显的缺憾。如果和狂野刺激的摩卡比较，那么圣多斯咖啡口味仿佛一位温文尔雅的儒雅之士。有丰富的味道层次，却不刺激，温和中透着一种滑润，偏中性的酸、甘、苦三味，适中的浓度，这些淡淡的味道混合在一起形成了圣多斯独特的口味——一种高雅而特殊的口味，要想将它们一一分辨出来，就必须要有更加灵敏的味蕾与鼻子，这也正是令许多圣多斯粉丝着迷于这种咖啡的原因。

价值篇
JIAZHI PIAN

也许没有蓝山高调，也没有摩卡粗犷，但恰恰因为这种平淡的温和，为巴西咖啡带来了数量更多的追随者。

巴西咖啡不需要繁复的烘焙程序，也不需要精致到挑剔的研磨冲泡，任何一个人，只要想接近巴西咖啡，就可以用最大众化的冲泡方法品尝到它。同时，平凡无奇的它也是制作意大利浓缩咖啡和各种花式咖啡的最好原料，被人们誉为咖啡之中坚。巴西圣多斯咖啡能在意浓咖啡的表面形成金黄色的泡沫，并使咖啡带有微甜的口味。

正如我们所知道的，在巴西咖啡中，圣多斯咖啡是最受人们重视、也最为出名的一种。它就像是一位外表低调、神情淡漠、内心却充满激情，脑中满是智慧的朋友，未必会给你带来浓烈得化不开的感觉，却似有似无地，在你需要的时候，

巴西圣多斯咖啡档案

KAFEI DA

风味：口感温和、微酸，入口柔滑圆润，回甘很好。

烘焙建议：低度至深度的烘焙。

咖啡豆大小：★★★

咖啡酸度值：★★

口感均衡度：★★★

陪伴在你身边。

和蓝山咖啡比较，巴西咖啡由于种植面广，数量庞大，因此价格上并不十分昂贵，虽然其专业性价值不大，但其特别适合与其他咖啡调配的百搭性质，也让巴西咖啡在市场上备受青睐，可以说为占据国际市场占尽优势。

巴西虽然是咖啡生产大国，咖啡年产量能占到全球的30%到35%，但稍显遗憾的是没有一种巴西咖啡能荣登顶级咖啡之列。这大概也印证了完美事难全的说法。大部分生长成熟的咖啡豆会在简易处理之后，拿去做成即溶咖啡和易开罐咖啡。

圣多斯的咖啡树在树龄三到四岁以前，所结的大部分都是小而扭曲的豆子，通常在咖啡馆里会被直接叫作“巴西”。咖啡树大概长至三四岁以后，会慢慢结出又大又平的豆子，这种豆子会被人们称作“平豆圣多斯”，与之前又小又扭曲的圣多斯相比，这种咖啡豆的价格更为便宜，滋味平平，所以也不受咖啡族青睐。这种平豆圣多斯通常都被当作综合咖啡的基底，专门与别的咖啡进行调配，以衬托别的咖啡的味道。不过它倒有一个特色，就是含油丰富，这对不喜欢用罗布斯塔豆来调配 Espresso 综合品的人来说，是一项令人欢迎的优点——它保证给你厚厚的克丽玛（奶泡状物质）。

伊畔咖啡

巴西伊畔咖啡属于巴西咖啡中的佼佼者，风味属世间独一无二，是以巴西纯正100%阿拉比卡咖啡拼配而成的顶级品质熟豆品牌。伊畔咖啡主要源

在威尼斯著名的圣马可广场上，露天的咖啡座里，满是来自世界各地的游客，就坐在这个被喻为全世界最漂亮的客厅，享受一杯香醇的咖啡，广场上和古老的佛罗里岸咖啡馆遥遥相对的，就是这家以露天音乐闻名的意大利夸德里咖啡馆。

于巴西伊畔所拥有的庞大优质的咖啡种植园，以及高度现代化的农场设施建设和专业的生产品质控制及现代化管理。其所有的原豆品质均属上乘，特别精选坐落于巴西自然条件最优越、最传统的咖啡种植基地——米纳斯吉拉斯州，不同品种及处理方式的优秀原豆最完美的融合带来前所未有的绝佳口味和高品质享受。

巴西伊畔咖啡公司 1969 年成立，目前已经是拥有世界特种咖啡品种齐全度最高的公司之一，名声在外，评价颇高。伊畔公司凭着优质咖啡认证和雨林联盟标准拥有稳定可追溯的优秀品质，已经拥有巴西咖啡第一品牌、世界十大最佳咖啡、2009 年雨林联盟杯品比赛巴西第一、2010 年雨林联盟杯品比赛巴西第一、星巴克战略伙伴等顶级殊荣。伊畔咖啡公司现已被世界咖啡业界公认为世界上最优质的咖啡生产公司之一。

不急不躁，缓步徐行。前者是智慧，后者是心境。坚守为的是成功，微笑求的是满足。哪一种咖啡还能拥有哥伦比亚咖啡如此的智慧与心态？或许尝试过它的人都能默默找到答案。

哥伦比亚咖啡

浓香的品位之选

纵观整个咖啡界，能够以国家名字为在世界出售的原味咖啡命名的，哥伦比亚咖啡是那些少数者之一。

追溯哥伦比亚种植咖啡的历史，可以回到 16 世纪的西班牙殖民时代。地处南美洲西北部的哥伦比亚是一个美丽的国家，从远古时代起，印第安人就在这块土地上繁衍生息。公元 1531 年沦为西班牙殖民地，1819 年获得独立。1886 年改称现名，以纪念美洲大陆的发现者哥伦布。据说哥伦比亚的第一棵咖啡树是从加勒比海的海地岛，经中美洲的萨尔瓦多从水路传来的。不过咖啡真正在哥伦比亚扎根是在 19 世纪。

Coffee
糖缸
sugar

凡·高名画《夜间的咖啡馆》

1808年，耶稣会传教士从法属安的列斯经委内瑞拉将咖啡豆带到了哥伦比亚的广袤大地。咖啡种子仿佛在这片国度里找到了它适宜生长的环境。加之传教士积极鼓励信徒把种植咖啡树当作一种修行，在这种主张的推动下，人们对咖啡树种植的兴趣日渐高涨，哥伦比亚的咖啡种植业开始繁荣起来。这片未开发的、原生态的土地自此成就了现在世界上最大的阿拉比卡咖啡豆的出口国，也使其成为世界上最大的水洗咖啡豆出口国。

如今，哥伦比亚的咖啡种植面积已达到107万公顷，粗略估算，全国约有30.2万个咖啡园，大约30%到40%的哥伦比亚人都直接依靠种植咖啡生活。与巴西数量庞大的咖啡种植相比，哥伦比亚的咖啡种植虽多，但面积都比较小。虽然有不少农场，但基本上每个农场的面积只有2公顷左右，80%以上的咖啡种植园的咖啡树只有5000棵左右。由此可见，哥伦比亚的咖啡种植业还属于小农庄型。

哥伦比亚咖啡有200多个档次之分，也就是说哥伦比亚咖啡的区域性非常强。不同的区域通常种植不同风味的咖啡。哥伦比亚所有的咖啡产区都位于安第斯山脉，那里气候温和，空气潮湿，同时提供了多样性气候，所以这里整年都是收获季节，不同时期有不同种类的咖啡相继成熟，而且幸运的是，不像巴西，它不必担心霜害。

如此追求咖啡的品质，也难怪在哥伦比亚，咖啡深入人心，以至于加西亚·马尔克斯也将咖啡深深地嵌刻到了自己的作品中，成为诸多经典故事情节中频繁出场的素材。《百年孤独》中的奥雷良诺·布恩迪亚上校举行婚礼时，有人为了报复选择往新娘的咖啡里投鸦片；为了衬托上校的形象，在讲述上校被枪决前的心态时，作者也让咖啡出场见证这位神奇人物的最后时刻："他既不害怕，也不留恋……心中不由得火烧火燎似的难受。这时候牢门洞开，看守端着一杯咖啡走了进来。"

由于哥伦比亚在南美独特的地域特点，这里成为中北美及加勒比海地区通往南美腹地必经的关口，又和交通枢纽国巴拿马接壤，成为拉美地缘、文化、军事和情感上的对冲中心。它是南美的边疆茅庐，又是中北美地区的极乐天堂。

毫无疑问，在哥伦比亚的历史长河中，无论是过往，还是如今，咖啡都已是国民生活中的一部分，是国家品牌的一分子。而纵观整个咖啡界，能够以国家之名冠名制作，进行商业推广的咖啡，也当属哥伦比亚咖啡排头名了。头戴圆顶帽，手牵毛驴，自信地站在一座山峰前方，这是哥伦比亚咖啡——整个国家全心全意维护、推广，甚至举国沉迷的顶级饮品。

在所有的咖啡中，哥伦比亚咖啡无疑是均衡度最好的一种咖啡。但是，在得到这一切之前，哥伦比亚咖啡就像一位隐秘的忍者，抗住了辛劳、付出了坚守才换来今日的惊艳相见。

咖啡爱好者们描述哥伦比亚咖啡时，最爱用的一句描述是“拥有丝一般柔滑的口感”。类似的一句话似乎早被用在了对巧克力口感的描述中，但是对于哥伦比亚咖啡爱好者来说，这句耳熟能详的赞誉还包含了对哥伦比亚咖啡多年辛苦熬状元的心疼与嘉奖。

时光退回到20世纪下半叶的1959年，只有4%的美国人知道哥伦比亚咖啡，然而回到21世纪，整个世界已经有92%的人知道哥伦比亚咖啡。对咖啡品质的绝对追求就是哥伦比亚咖啡的精神。在这种精神的引领下，哥伦比亚全国咖啡种植者联合会将哥伦比亚咖啡一步步推向了宝座。

哥伦比亚是世界第三大咖啡生产和出口国，就像只有在法国香槟地区生产的酒才能叫香槟酒一样，只有在哥伦比亚生产并且由纯手工采摘的咖啡，才能叫作“哥伦比亚咖啡”。严苛的要求让哥伦比亚咖啡在质量方面获得了其他咖啡无法企及的赞誉。咖啡在哥伦比亚的地位从以下事例中可见一斑——所有进入该国的车辆必须喷雾消毒，以免无意中带来的疾病损害咖啡树。

1930年至1960年，哥伦比亚咖啡种植者联合会所做的工作主要是保证咖啡的品质，他们相信只有保证品质才能使越来越多的人选择并喜欢哥伦比亚咖啡。协会在咖啡的种植期会帮助种植户选择合适的品种，收获的咖啡要经过多次检验才可以出口。此外，为了保证加工过后的品质，哥伦比亚咖啡种植者联合会会从不同国家的商场里单独购买哥伦比亚咖啡，用来抽查咖啡的质量。一旦遇到不合格的产品，联合会就会采取法律行动，状告销售商和生产商误导消费者，并收回所有不合格的产品。正因为如此严苛的质量监督，哥伦比亚咖啡的品质始终数十年如一日，受到世界各地咖啡迷的赞誉。

尊贵源于品质，品质始于使命。可以说，在哥伦比亚喝咖啡是一种必须，也是一种自然的享受。当咖啡馆的店员用精致的咖啡具冲泡上香浓的咖啡，送到喝咖啡的人们面前时，壶嘴一倾，满室漫香。这样的尊享，夫复何求？

有一千个咖啡爱好者，或许就有一千种不一样的哥伦比亚咖啡。要想对哥伦比亚咖啡品出自己的风景，需要的不仅是嗅觉、味觉，还需要富足的浪漫、激情、渴望和梦想。

哥伦比亚气候温和，空气潮湿，多样性的气候使这里整年都是收获季节，在不同时期不同种类的咖啡豆相继成熟。他们所种植的是品质独特的阿拉比卡咖啡豆，由这种咖啡豆磨制的咖啡，口味浓郁、回味无穷，堪称咖啡精品。如今，很多人把“哥伦比亚咖啡”和“高品质”、“好口味”画上了等号。

世界咖啡分两大系列：一种是以巴西为代表的“硬”咖啡，味道浓烈；另一种是以哥伦比亚为代

表的“软”咖啡，其味淡香。区别在于产地的海拔高度和种植方法：巴西人将咖啡树种在丘陵红壤中，管理比较粗放；哥伦比亚人则在山地黑土上精耕细作。

一位来自黎巴嫩的哥伦比亚咖啡店的店员曾经这样动情地形容哥伦比亚咖啡：“比千百个吻更可爱，比麝香葡萄酒更香甜。缓缓流入胃中的咖啡翻腾激荡，惹得我思绪联翩，无法停止。”

另一位来自美国的咖啡爱好者则这样评价哥伦比亚咖啡带给自己的体会：“就像炎热夏日夜晚上演的一幕动人方丹戈舞。”方丹戈舞，一种在求爱时才会跳的西班牙舞蹈，浪漫却又不乏激情。

哥伦比亚特级咖啡的香气浓郁而厚实，带有明朗的优质酸性，高均衡度，有时具有坚果味，令人回味无穷。不论是外观上、品质上，哥伦比亚特级咖啡都相当优良，就像女人隐约的娇媚，迷人且恰到好处，令人怀念。

咖啡因产地不同，各自的性格也表现得非常迥异。例如曼特宁阳刚浓烈，有着酷似钢铁男子的性格；而蓝山醇味芬芳，最叫温柔的女子思念上瘾，而一向清淡香味的哥伦比亚特级咖啡，最适合那些性喜清淡的人。

哥伦比亚人种植咖啡非常注重咖啡本身的质量。为了保证咖啡生长所需的温度，哥伦比亚人在咖啡树周围种上高大的乔木或香蕉树，利用天然优势为咖啡树搭凉棚，以保证咖啡生长所需要的阴凉潮湿环境。由于咖啡林内湿度大，温差小，咖啡豆成熟慢，有利于咖啡因和芳香物质的积累，因而也为生产质优的哥伦比亚咖啡造就便利。

热衷于饮用哥伦比亚咖啡的人大都不愿将喝咖啡当作一件正襟危坐的事，只想简单地喝一杯可口的咖啡，一杯热腾腾的哥伦比亚咖啡，从平和的香气中体会“人生最好的境界是丰富的安静。安静，是因为摆脱了外界虚名浮利的诱惑；丰富，是因为拥有了内在精神世界的宝藏”。这种浅显却需要付出时间与精力才能懂得的哲理非哥伦比亚咖啡不能参透。

哥伦比亚特级咖啡的酸、苦、甜三种味道也配合得恰到好处。一杯咖啡入口，独特的香味拥抱整个口腔，刚觉得温和缓慢，它却又出人意料地在瞬间以最快的速度占据了味蕾、思维甚至灵魂。生活本就是酸、甜、苦、涩的综合经历，我们所享受的并非只是一杯咖啡，还有咖啡带给我们的那宁静的一刻。

此外，哥伦比亚的咖啡贸易出口管理，主要归全国咖啡业主联合会负责。哥伦比亚的法律明确规定，只有持联合会许可证的私商才能出口咖啡，目的是维护哥伦比亚咖啡在世界上的形象，同时也保证了政府在咖啡贸易中获得稳定的财政收入。对产品的精益求精再加上其优越的地理条件和气候条件，使得哥伦比亚咖啡质优味美，誉满全球。

与别的咖啡相比，哥伦比亚咖啡还有一种更为独特的口感。那是一种清苦的体会，是面对苦难的一种隐忍，面对坎坷时的一种坚持，面对诱惑时的一种从容。苦，是人生之中的必需，而历经百转千回，最后停在舌根的那抹香则是最后坚守的微笑，是浓烈却值得怀念的味道。

价值篇
JIAZHI PIAN

哥伦比亚咖啡是少数冠以国名在世界出售的原味咖啡之一，可以想见，在质量方面，它获得的是其他咖啡无法比肩的美誉。哥伦比亚所种植的咖啡是品质独特的阿拉比卡咖啡豆，口味浓郁、回味无穷的特点堪称咖啡中的精品。因此，高品质逐渐地成为哥伦比亚咖啡的代名词。

同巴西咖啡不同，哥伦比亚咖啡不追求量，而是对品质孜孜以求。哥伦比亚人对咖啡品质的追求除了认真，还是认真。据说，早前哥伦比亚人尽管可以以生长快速且产量高的阿拉比卡咖啡树来代替波旁咖啡树，但是在对阿拉比卡咖啡树长出来的咖啡豆的品质没有确认以前，哥伦比亚人却不打算轻举妄动。

不以量取胜，只以质留世，大概这是每个哥伦比亚人内心所恪守的一个百年不变的准则。似乎是为了嘉奖哥伦比亚人对品质的这种近乎执拗的追求，上天格外地恩赐了哥伦比亚适宜的气候。哥伦比亚位于赤道地区，白天和晚上时间长度几乎相同。各地的气候条件没有季节之分，全年没有很大变化，4 月份到 11 月份是全年的雨季，12 月份到次年 3 月份是全年的旱季。因此总体来说，哥伦比亚全年各地降水总体都很丰沛。主产区安第斯山更是咖啡种植的“天然牧场”。但那里的人们并不刻意强调他们优渥的生长条件，他们更乐意听到的是人们赞美他们咖啡豆的优越口感。对于哥伦比亚人来说，被人们评价哥伦比亚咖啡的声名是依靠独特的地理位置并不是什么引以为豪的事情，他们希望人们看到的是自己辛劳的付出和对品质的坚守，看到自己为咖啡品质的良苦用心和背后所做出的巨大牺牲。

哥伦比亚人只选择优质咖啡种子，这样可以保证在种植过程中不出现天生疾病的问题。

他们禁得起漫长的等待：60 天发芽，60 天生叶，然后把咖啡苗用带孔的黑布盖住，避免阳光的直接照射伤害到小苗。又是 60 天的等待，长大成苗，于是开始移植分种，再经过一个 60 天的等待，然后将苗移植到田里，开始成长为咖啡树。

播种谨慎，收获一样谨慎。咖啡豆的收获过程在哥伦比亚也有很严格的限制，由于哥伦比亚的咖啡种在很陡的山坡上，所以无法用机器采收，这必然导致咖啡的采摘效率低，成本耗费高，收购时节来临，工人们还要每隔 15 天来检查一次，看到熟的就用手摘下，并不像巴西可以开着收割车直接进行田地采摘。此外，由于哥伦比亚生产的咖啡主要是水洗咖啡豆，也就是说，和摩卡、蓝山的晒干脱壳不同，哥伦比亚的咖啡豆采摘之后，要先脱外果皮，再用水洗，直到把内果肉洗掉之后，才可以进入晒干步骤，直到保存、脱壳。之所以采取水洗方式，是因为经过水洗的咖啡豆能清除掉相当多的杂质，保证后期的加工不会有发酵的味道，但从另一方面来说，这样的成本会高很多，因为大约有 60%

哥伦比亚咖啡档案

KAFEI DA

风味：香气浓郁而厚实，带有明朗的优质酸性，高均衡度，有时具有坚果味，令人回味无穷。
烘焙建议：中度至深度的烘焙。

咖啡豆大小：★★★
咖啡酸度值：★★★
口感均衡度：★★★★★

老式手动咖啡研磨机

都属于人工成本耗费。

参观过哥伦比亚咖啡品鉴中心的人，大概都看到过工人手选咖啡的全过程——手选咖啡会把有病的、不好的咖啡选出来，而且烘烤过程也格外讲究，要严格控制温度和进气量，咖啡品鉴师往往都有一份数据分析，科学地计算哪种咖啡炒多长时间效果最好，分析表体现出来的是每种咖啡的人生履历，找到每种咖啡味道最好的点，在味道最好的点上进行烘焙，才能保证各种咖啡最好的味道。

哥伦比亚还拥有大西洋港口和太平洋港口，这有助于降低咖啡的运输费用。哥伦比亚咖啡最重要的种植园位于麦德林、阿尔梅尼亚和马尼洒莱斯地区。在上述三个地区中，麦德林地区的咖啡质量最佳，售价也高，其特点是：颗粒饱满、营养丰富、香味浓郁、酸度适中。

给了一颗咖啡树将近一年的成长呵护与等待，又给了日复一日不曾懈怠的照顾与培育，哥伦比亚咖啡显然继承了哥伦比亚人这种耐得住寂寞，守得云开见月明的耐心。日复一日精益求精的追求造就了哥伦比亚特级咖啡的完美，饮用这芬芳的咖啡就好似捧着一颗火热的心向爱护者们致意。

胡安·帝滋咖啡

胡安·帝滋咖啡作为哥伦比亚第一大咖啡品牌，也是南美最好的咖啡之一。2010 年在上海世博会上，哥伦比亚展馆展出了两件国宝，一个是为世人所知的高品质祖母绿，另一个就是胡安·帝滋咖啡，可见胡安·帝滋咖啡在哥伦比亚人心中的分量。

哥伦比亚咖啡在业界的地位毋庸置疑，它的美味以及种植者对品质的苛刻追求无人可及，美洲多个咖啡生产国都愿意打着产自哥伦比亚的旗号来提升其知名度。每年都有不少来自欧洲、西亚的咖啡爱好者不远万里来到哥伦比亚咖啡种植园朝圣。在咖啡王国里，哥伦比亚咖啡是众人倾慕的国王，手握着象征统治者的权杖，而胡安·帝滋咖啡，则是国王头顶上的那颗皇冠。

胡安·帝滋咖啡是一种著名的火山咖啡豆，该咖啡豆是专业的咖啡鉴赏师从哥伦比亚火山咖啡产地精选而来，是最适合做浓缩咖啡的品种。这款火山咖啡豆产自和大多数优质咖啡类似的土壤。众所周知的牙买加蓝山、夏威夷可纳豆都有一个同样的因素，就是它们都产自火山活动频繁的土壤。

胡安·帝滋咖啡独特的水果香味可以媲美蓝山，产地位于 3000 米海拔的哥伦比亚南部种植园，雨水充足，是一款咖啡爱好者不可错过的咖啡品种。

胡安·帝滋咖啡的品牌是在 1959 年由约瑟·杜瓦尔正式创立。为了将哥伦比亚原产的纯种咖啡与其他混装咖啡区分开来，咖啡协会给予了胡安·帝滋咖啡销售原产原装咖啡的权利，胡安·帝滋咖啡代表了最正宗的哥伦比亚咖啡口味，包括咖啡豆的原生性，种植的传统有机方式以及烘焙的高品质保证，每一粒咖啡都是严格按照哥伦比亚最传统的方式精致出品。

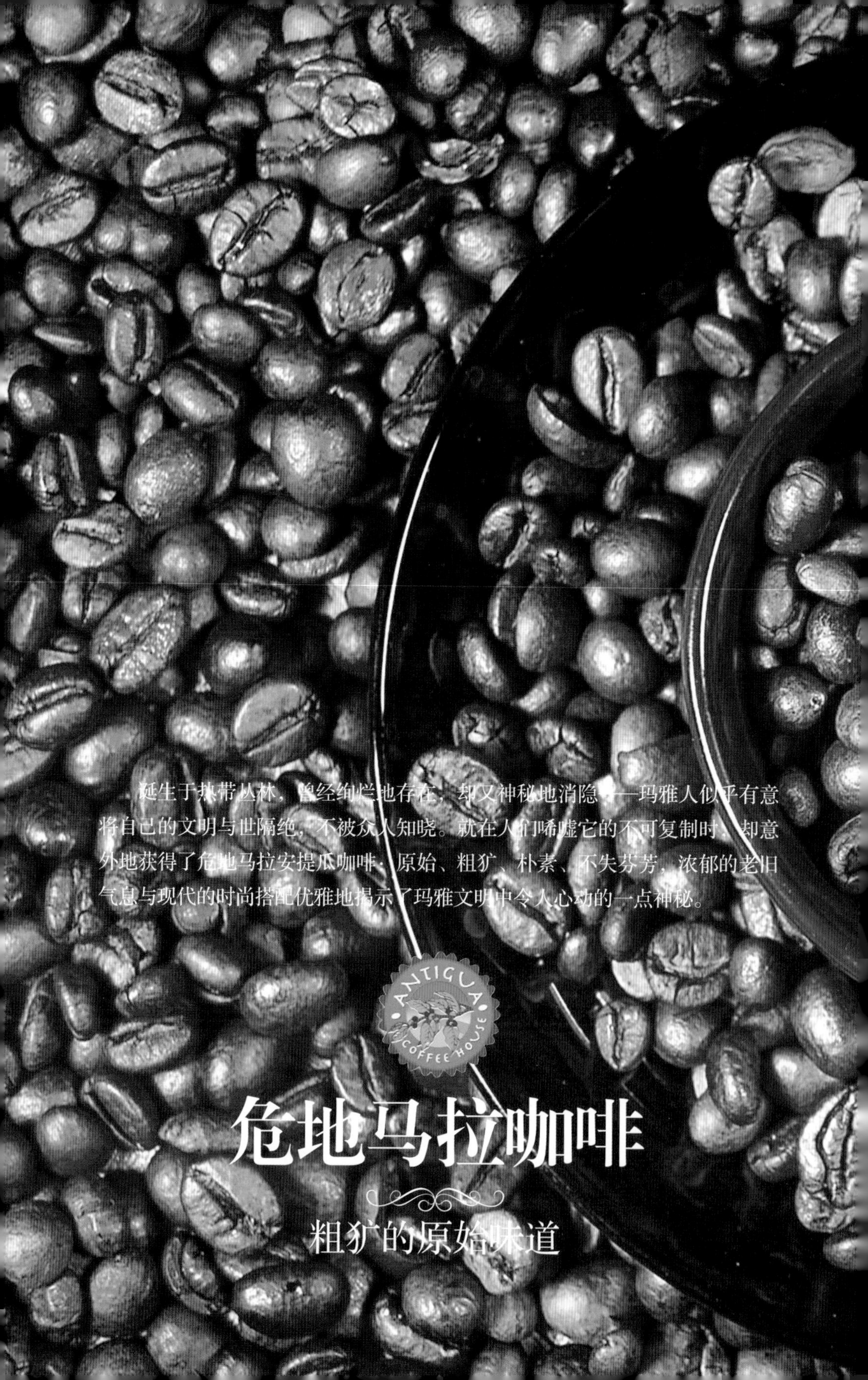

危地马拉咖啡

粗犷的原始味道

诞生于热带丛林，曾经绚烂地存在，却又神秘地消隐——玛雅人似乎有意将自己的文明与世隔绝，不被众人知晓。就在人们唏嘘它的不可复制时，却意外地获得了危地马拉安提瓜咖啡：原始、粗犷、朴素、不失芬芳，浓郁的老旧气息与现代的时尚搭配优雅地揭示了玛雅文明中令人心动的一点神秘。

危地马拉安提瓜咖啡档案

风味：口感顺滑柔和，酸度均衡，有时具有坚果味道。香气醇厚，略带热带水果味，还有一丝丝烟熏味。

烘焙建议：中度至深度的烘焙。

咖啡豆大小：★★★

咖啡酸度值：★★★

口感均衡度：★★★★

安提瓜酒店咖啡馆

带有玛雅灵魂的安提瓜咖啡在三座火山的环抱中，静静地看着成长的世界，用一轮又一轮的生死更替与恒久的咖啡香向更迭的世界展示着自己。

16世纪早期，曾有一座繁华的小城市静悄悄地坐落在高原上的一个山谷之中。那里气候宜人，景色秀丽，举目皆是艺术，只要站在城中央就能轻而易举地看到城周最富于魅力也最充满不安色彩的风景——海拔3000多米的阿瓦火山，以及另外两座随时都想对着这世界跃跃欲试喷发自己热情的火山。这座小城就是安提瓜——美洲最古老和最美丽的城市。

从地理位置来看，安提瓜市在危地马拉市的西面约40千米处，殖民地时代的建筑物由于地震而损毁，被原样整体保留下来，可谓是活生生的历史博物馆。在1979年，联合国教科文组织确定危地马拉安提瓜市为人类文化遗产，被列入《世界遗产目录》。

安提瓜位置在中美洲的中部，建于海拔1500米的潘乔亚山谷，位置靠近阿瓜和富埃戈火山顶这个世界曾经存在过一个神秘的族群——安提瓜人，岁月非但没有消弭他们的痕迹，反而因着大自然的灾难和毁灭，用时间雕刻出了一个不灭的神话。正因为如此，虽然这里的咖啡种植农民收入非常微薄，但他们却满足地告诉世人：即便贫穷，但因为咖啡，仍然感到幸福！

峰。全境三分之二为山地和高原，有火山30多座。由于地理位置特殊，所以这座小小的城时常会"热力四射"，热情洋溢地向世界问候，因为，这里的地震很频繁。1773年的大地震，更是导致了安提瓜市的整个毁灭，一切尽成废墟，满目狼藉，无奈之下首都迁移至危地马拉市。事实证明，迁都只是带走了失去住屋的人，却留下了自此再难得一见的珍贵历史。

安提瓜咖啡最早可以追溯到玛雅文明，真正传入危地马拉是在1750年，由杰苏伊特神父引进，19世纪末的德国殖民者又进一步发展了此地的咖啡业。安提瓜咖啡产于安提瓜岛，咖啡因地制宜被广泛种植在火山腹地的山坡上，得以在充分雨露和阳光沐浴中自然生长。火山的频繁喷发，为这里带来了肥沃的土壤，也使得出产的咖啡品质绝佳。这里每隔30年左右，安提瓜岛附近地区就要遭受一次火山爆发的侵袭，这给本来就富饶的土地提供了更多的微量元素氮。最重要的是，这里的居民坚持种植阿拉比卡波旁种咖啡，虽然产量小，但质地更加优秀。阿拉比卡种咖啡一般被认为原产自埃塞俄比亚阿比西尼亚高原，经过反复的突变或者配种，衍生出许许多多的品种。时至今日，阿拉比卡种咖啡有七十多个品种存在。其中波旁种的特色很突出，口感优质，味道中带有一种类似红酒的酸味，余韵幽香带甜，是年产量较少的品种。

安提瓜岛的咖啡种植面积很大，因此，这里的咖啡种植居民都喜欢一次性收获，并采用古老的日晒法来去除咖啡果实的外皮和果肉。人们一股脑把成熟的果实和未成熟的果实一起采摘下来，甚至会将叶片也掺杂在其中，摊在太阳下暴晒。长时间与土地亲近，晒制的咖啡豆吸收了火山土壤的独特气息，因此会常常带有古怪的咸味。初次品尝危地马拉安提瓜咖啡的人往往受不了这种古怪的味道，但一旦习惯了这种味道，就会爱不释手。

这个世界从来不缺少好咖啡。在世界各地那些或奇怪或神隐的角落，总是会惊鸿一瞥地发现一些独特的存在，上帝就像个精于算计的工程师，奇怪地引针走线，在星星点点的角落里早早埋伏下一个奇迹，就等着人们发现，而后铭记。比如，这个叫作危地马拉的地方。

世界上没有几个地方能够像危地马拉一样，可以提供这些独特又出色的咖啡豆。更何况，这里还有最负盛名的文化标记——玛雅文明，世界上最重要的古文化之一，更是美洲重大的古典文化。据历史资料证明，玛雅人在农业生产中培育了对人类有重大贡献的新品种，如玉米、西红柿、南瓜、豆子、甘薯、辣椒、可可、香兰草和烟草等，其中玉米的培植对人类贡献最大。尽管这里没有关于咖啡的记载，但在今天，危地马拉大多数的咖啡种植生产者都可以看成是玛雅人的后人，他们也喜欢被人们这样称呼。

这是安提瓜咖啡天生拥有的独特标记，安提瓜咖啡就像出生于帝皇家族，必须接受这一印记的王族后代一样，有一种抹也抹不掉的气质。

有人说，你会从一杯危地马拉安提瓜咖啡那独特的烟熏味道中看到一段神秘的历史，那是一个关于印第安人的故事。我们的思绪可以被拉得很远，远到从未相见的从前。曾在危地马拉的土地上存在过的智慧的玛雅人，他们在我们从没见过的工具旁，咖啡树下，依傍在金字塔旁，用着现代技术都无以匹敌的自制器具轻啜一口危地马拉安提瓜咖啡，看着落日渐渐地消失在海平线……

安提瓜咖啡有着浓浓的香气，即便不喝，光闻那香气就已经是一种享受。丰富如丝绒般的醇度，浓郁而活泼的香味，且酸味精细。当诱人的浓香在舌尖徘徊不去时，这其中隐含着一种难以言传的神秘。微微含一口咖啡在舌尖，可能最初会觉得平淡无奇，但随着舌尖的咖啡慢慢冷却，缓缓流入胃液，突然会感受到它的微甜，独特的土腥味更扩展很多人都把安提瓜咖啡作为上午咖啡的首选咖啡。来自美国星巴克的一名员工曾如此深情地描述自己对安提瓜咖啡的依赖："在很多个不想起床的早晨，只要用一点危地马拉安提瓜咖啡的香味就足以唤醒我，就仿佛它们正在用香味大声叫喊'该起床了'。四溢的飘香常常能为我带来美妙的感觉，让我积极地迎接每一天！"

了它的深度而让人惊喜。如果没有深度的雍容，哪来如此淡定的惊艳？深度积累，造就了绝世尊贵。

安提瓜的咖啡之所以受到绝大多数咖啡爱好者的追捧，只因为它那与众不同的香味。由于它种植于火山山腹上，与哥斯达黎加咖啡相比更能保留自己的特征，其主要原因就是它比哥斯达黎加咖啡有着较多的地理与气候上的优势。危地马拉位置处于热带，但因海拔较高，气候温和，实属亚热带气候。咖啡树在这种气候的影响下，开花和结果要比世界其他地区的咖啡树慢。不过，温和的气候加上肥沃的土壤造就了种植咖啡的绝佳环境。

危地马拉所产的咖啡属于世界顶级咖啡之一，神秘的火山正是栽培这顶级咖啡的最理想的场所。由地心最深处散发的热情所烘焙的香料味道正是这顶级咖啡的精髓所在，火般的热烈，才成就了这般独特的尊贵风味！

玛雅人尽管消失了，却为世界留下了令人无限遐想的玛雅文明，还有令众生颠倒的危地马拉安提瓜咖啡。

一杯危地马拉安提瓜咖啡，似乎能让人们通过嗅觉重新看到曾经的一段神秘历史：勤劳的玛雅人在远古的土地上繁衍，汗水滋润了大地，培育了咖啡种子，当历史毫不留情拂去他们的存在，咖啡却成为一本活生生的植物史书成就了他们的灵魂。如果说人的皱纹刻画着一个人走过的路，那么危地马拉安提瓜咖啡则承载了玛雅文明的品质：故乡的风土、采收年代、烘焙及研磨方式，难得一睹风采的

旅行被安提瓜咖啡演绎为春种秋收，代代相承的成长成熟，直到被人们饮进脾胃，沁进心肺，在一呼一吸之间与祖辈的气息相融合。

危地马拉安提瓜咖啡用自己独有的香味解放了一切时空上看不到的形式，冲破了历史书页中心灵与国界的樊篱，用其均衡爽口的果酸，浓郁的香料味，独树一帜的烟熏味，随时随地做好在杯中热气升腾的刹那为众人讲述一番苍凉历史的准备。透过安提瓜咖啡，心情可以随时离境起飞，降落在半个地球以外的陌生国度。即使相隔天涯，同饮一杯咖啡的有缘人们依然可以共享同一份心情。安提瓜市是 1543 年西班牙殖民时期的首都。尽管这块翡翠般的谷地自古就被四面八方、层层叠叠、蓄势待

发、危机四伏的活火山围绕，但它的苍茫、宽广、肥沃依然诱惑当时的西班牙人愿在朝不保夕的断崖谷地中建都。火山曾经将这个原来盛极一时的都城毁灭于瞬间，200 多年的绚烂从此消失，安提瓜再也没有昂首阔步过。归于平淡后的安提瓜，如今由仅存着的印第安人刻苦耐劳地经营着。这些勤劳坚强的印第安人成了后来的咖啡生产者，他们不仅发现了安提瓜咖啡浓郁而诱人的独到气味，还将它带给了全世界的人们。

安提瓜咖啡之所以受到绝大多数咖啡爱好者的追捧，只因为它那与众不同的香味。浓烈的香味令人从身到心都得到满足，中到高酸度，高密度，又有绝妙烟熏的味道，简直就是一座可以流动的浓缩版危地马拉城。

危地马拉有 7 个主要的咖啡种植区，如韦韦特南戈（Huehuetenango），圣马科斯与阿蒂特兰（San Marcos and Atitlan）等，其中安提瓜地区出产的咖啡是危地马拉最好的咖啡。安提瓜咖啡的种植者多数仍沿袭着传统的生活方式，且掌握了丰富的园艺知识，热衷于出产伟大的咖啡。可以说危地马拉安提瓜一直出产中美洲最好的咖啡。

危地马拉安提瓜咖啡以优雅活泼的酸味和层次分明的口感著称。咖啡中有丰富的青苹果酸香、草莓香、茉莉花香、橘皮香、青椒香、水果酸甜感、巧克力甜香等，尾韵有特殊的烟熏味。如此特别的品质也许初始会让人难以接近，但一旦熟悉，便会发现它的魅力与平易近人的姿态，再也无法对它轻易离弃。这是属于危地马拉的标志，也是属于世界的品质！

由于危地马拉咖啡较之其他咖啡成熟期间较长，所以安提瓜咖啡豆子颗粒属中等而密实型（说明：危地马拉咖啡豆的等级评定不是以寻常的颗粒大小为标准，而是以缺点多寡作为分级标准），豆子色泽为深青绿色。香、醇、甘甜及清新愉悦的独特酸味是其特色，咖啡豆的香味及口感皆隐藏在酸味之下，品尝安提瓜咖啡，需要耐心回味才可体会其中独特的甜。

皇家的白金汉宫咖啡具中的玫瑰及蝴蝶系列是名副其实的女王，黄金茎玫瑰点缀的图案，漆包线之间的蝴蝶扑动，飘逸灵动。

危地马拉咖啡也是一款适宜与其他咖啡搭配饮用的咖啡品种，将危地马拉安提瓜咖啡与某些更简单的咖啡（例如早餐综合咖啡）一起品尝，可谓是品尝危地马拉安提瓜咖啡的主要元素，咖啡品尝大师们对危地马拉安提瓜咖啡在舌头上的感觉尤为称道，与首选咖啡及早餐综合咖啡的明显的酸度相比，危地马拉安提瓜咖啡的酸度更为顺滑也更为柔和。这也是危地马拉安提瓜咖啡之所以被称为上等咖啡的原因。

安提瓜境内的三大火山的活跃能力除带给安提瓜咖啡区肥沃的火土外，还有独特的火山浮石，具有多孔性与隔热性质，非常适合在土壤里保湿。因为安提瓜区雨量最少，这里的火山浮石的保湿能力恰巧可弥补雨量不足，同时生长的咖啡果更具独特的产区风味。安提瓜境内还有高密度的遮阴树，这些遮阴树除了遮阴，还可以预防霜害以及形成独特的微型气候。安提瓜区由于夜晚寒冷，在 12 月到 2 月间会偶发霜害，高密度的遮阴树就会避免咖啡树结霜，同时安提瓜区的地下水水位不深，这些遮阴树很容易吸取水分，与周边的咖啡树形成一个适合植物生长的微型气候。

也许正是这种天生的眷顾，安提瓜咖啡一出生就拥有了一系列天时地利人和的优越条件：火山形成的富饶土壤，充沛的天然水资源，高海拔的山岭及阴凉潮湿的森林，包括每个地区各有不同的气候变化。危地马拉咖啡豆之所以品质优异，正是因其产地具备的这些特有条件。

危地马拉安提瓜咖啡是活跃在咖啡界相当著名的咖啡品种之一。肥沃的火山岩土壤造就了举世闻名的口感，香醇略带热带水果丰富的滋味，完美协调，加上一丝丝烟熏味，更是无与伦比地突出了它的古老与神秘。

欣欣向荣的咖啡业曾一度使危地马拉无比繁荣，而且至今也依然在国民经济中占据着统治地位。但遗憾的是，危地马拉国内的政治情况却没有办法一如既往地大力扶植咖啡业的兴旺发展，咖啡种植者为此感到非常无奈。一般而言，咖啡的高产量通常是一个国家总体经济繁荣的标志，然而危地马拉现在的咖啡产量已相对下降。据统计数据显示，每公顷只有 700 千克，与之相反的是产自中美洲萨尔瓦多的咖啡产量大概为每公顷 900 千克，而哥斯达黎加的产量更是惊人，每公顷高达 1700 千克。低产量严重影响了咖啡业的进一步发展，虽然危地马拉咖啡出口贸易控制在私人公司手中，但国家咖啡委员会控制着咖啡工业的其他部门。

危地马拉盛产优质咖啡的主要地区是阿蒂特兰

湖和韦韦特南戈。该产区的咖啡树得到了欧美咖啡业商人的资助，从而避开了“高产低质”的恶性循环。他们种植了更多的阿拉比卡波旁树树种，尽管这些树种比矮树长得高，咖啡豆结得少，但产出的咖啡豆更好，也更受美食家的欢迎。

作为危地马拉咖啡著名产地的安提瓜，其咖啡主要产于卡马那庄园，该处品质最佳的咖啡是爱尔普卡，它不仅质量好，而且比危地马拉的其他咖啡味道更浓郁、口感更丰富、烟草味更重。由于每隔 30 年左右，安提瓜岛附近地区就要遭受一次火山爆发的侵袭，所以这种独特的地质条件也给本来就富饶的土地提供了更多的氮，而且充足的降雨和阳光使这个地方更适于种植咖啡。安提瓜咖啡往往售价较高，一豆难求；而且产于安提瓜区的咖啡，其品质也依年份、农庄不同而有着极大的差异。

目前，危地马拉一些质地最优的咖啡主要出口到日本，在那里，每杯咖啡卖到3—4美元。危地马拉为了重新振兴自己的咖啡产业，特意成立了特种咖啡协会，并对这些高品质的咖啡给予最大的资助与关注，这些努力将会很快取得成效，而真正的受益者不仅仅是那些咖啡种植者，还有全世界的咖啡爱好者。此地的特硬咖啡豆是难得一见的好咖啡，它颗粒饱满，味美可口，酸度均衡。

危地马拉韦韦特南戈地区的咖啡豆近年来口碑大增，其中危地马拉安东尼奥庄园是以质量、口感、香气显著提升而著名的地方。

安提瓜花神咖啡

安提瓜花神咖啡是安提瓜咖啡中的极品，它属于知名的拉米妮塔集团下的名豆，由安提瓜知名处理厂帕斯托罗斯出品。

安提瓜花神咖啡来自于安提瓜火山区中心高海拔地带。哥斯达黎加著名的拉米妮塔庄园提供业界最高标准的栽植与处理技术，并直接派专人赴安提瓜参与品质管理控制，委托安提瓜当地规模最大、设备首屈一指的巴斯托尔水洗处理厂做最高标准的采收后处理。在拉米妮塔品质管理人员的生豆处理监管下，建立了一套从采购咖啡浆果到水洗、日晒与烘干的严格程序，因此这款咖啡有着非凡优异的表现并不令人意外。

“花神”正如其名，豆子拥有美丽的外表，冲泡后有细致花香与水果甜香，品饮时能感觉到可可苦与焦糖甜，淡淡烟熏味，红酒余韵明显，整体味道干净明亮。

称哥斯达黎加为人间伊甸园一点也不为过，作为全民幸福指数排名世界第一的国度，如果没有香醇的哥斯达黎加咖啡，这样的幸福指数也许还差一点点。这种浓香的味道莫非就是幸福的味道？

COSTA RICA

哥斯达黎加咖啡

温柔的“硬汉”

历史篇 LISHI PIAN

提起哥斯达黎加，除了足球，那就是世界闻名的全民幸福指数了。在这个没有军队，能享受全民医疗保险和十一年制义务教育的国家，不存在世外桃源与天堂一说，因为这个国家自身就是现实版的桃源与天堂。但如果仅仅是这些硬件的幸福，或许

哥斯达黎加咖啡档案

风味：口感浓郁圆润，酸味诱人，香气浓郁。
烘焙建议：中度至深度的烘焙。

咖啡豆大小：★★
咖啡酸度值：★★★★
口感均衡度：★★★★

还远远无法满足人们的需求，咖啡的存在恰到好处地弥补了这个不足。来自伊甸园的饮料又归还至伊甸园，这是幸福通往幸福的途径。

咖啡自 1729 年从古巴引入哥斯达黎加，至今已经有 200 多年的种植历史。哥斯达黎加有 1/3 的人口投入新研发的与咖啡相关的产业，哥斯达黎加人说，咖啡改变了这个国家，让人们能够享有富庶的环境。毫无疑问，在哥斯达黎加，咖啡的确贡献卓越。尽管哥斯达黎加的国土面积在中美仅仅排名倒数第三，但经济环境却优于半数国家，也正是由于人民富足、社会安定，政府才有余力关心环保议题，并在国内设置了 30 多个国家公园。

同危地马拉一样，哥斯达黎加也拥有为数众多的火山。哥斯达黎加地形独特：从西北尼加拉瓜延伸至巴拿马的火山山脉，形同脊背，贯穿整个哥斯达黎加，将其土地分割成两片。在火山山脉中部，有一处海拔 1000 至 1500 米的平原，被称作“中央高地”，居住着哥国如今 400 多万总人口中的 60%，建有本国 4 个最大的城市，包括首都圣何塞，而当初西班牙殖民者也是借助这里的爽朗气候与肥沃的火山土壤而生存下来。肥沃的火山土壤为咖啡树的生长提供了良好的地质环境，特别是中部高原的土壤含有连续多层的火山灰和火山尘，排水性非常好。哥斯达黎加因此成为中美洲第一个因商业价值而种植咖啡的国家。

在哥斯达黎加不难发现印第安人文化的印记。公元 1000 年前后，有着高度文明的古代印第安人奥尔梅克从墨西哥来到哥斯达黎加寻找翡翠，却意

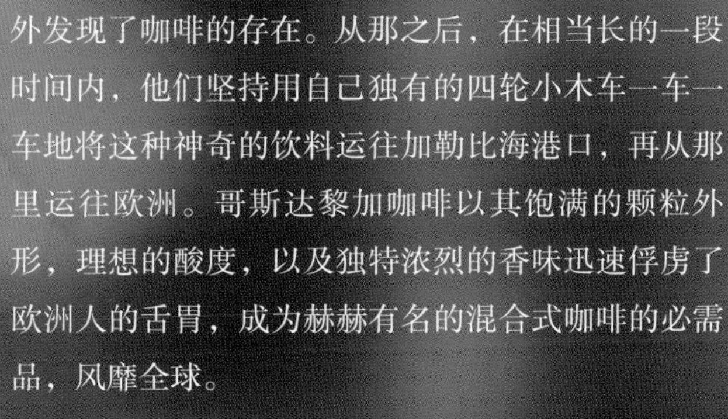

外发现了咖啡的存在。从那之后，在相当长的一段时间内，他们坚持用自己独有的四轮小木车一车一车地将这种神奇的饮料运往加勒比海港口，再从那里运往欧洲。哥斯达黎加咖啡以其饱满的颗粒外形，理想的酸度，以及独特浓烈的香味迅速俘虏了欧洲人的舌胃，成为赫赫有名的混合式咖啡的必需品，风靡全球。

哥斯达黎加于 1821 年宣告独立。至独立建国时，咖啡开始出口并成为该国的主要经济支柱。很多人因种植咖啡而致富，有人甚至当上了总统。一位于 1849 年就任总统的咖啡富农摩拉，主政 10 年后因失去民心而下台，但已经迷恋上了权力的他随即发动政变，结果事败而被处决，上演了一出咖啡政治的轻喜剧。

值得提及的其他哥斯达黎加咖啡还有胡安维那斯、图尔农、危德米尔、蒙蒂贝洛和圣罗莎，它们生长在埃雷迪亚和中部峡谷。另一种引人注目的咖啡是萨奇咖啡，萨奇正是代表哥斯加黎加“咖啡之路”的五个城镇之一。萨奇咖啡生长在离圣何塞 53 千米远的波阿斯火山的山坡上，生产该咖啡的萨奇公司则创建于 1949 年，咖啡种植面积 30 770 公顷，如今这一地区吸引着世界各地的游客。

哥斯达黎加咖啡种类繁多，虽然特优等的咖啡并不多，但它无疑却是用来混合其他咖啡的最好选择。这里所生产的各种等级、种类的咖啡占全球三分之一的消费量，在全球的咖啡交易市场上占有一席之地，虽然哥斯达黎加咖啡所面临的天然灾害比其他地区高数倍，但其可种植的面积已经足以弥补灾害所带来的损失。该国的咖啡工业最初由哥斯达咖啡工业公司控制，现已经被咖啡官方委员会接管。在出口的咖啡中，那些被认为质量不合格的产品用蓝色植物染料着色后，再转回国内销售。在国内消费的咖啡大约占总产量的10%。

如果你以为哥斯达黎加只是盛产咖啡豆，那就大错特错了，事实上哥斯达黎加是中北美、甚至全球咖啡产业的中心之一。时至今日，其咖啡工业已是世界上组织完善的工业之一，产量更是高达每公顷1700千克。哥斯达黎加人口仅有350万，而咖啡树却多达4亿棵，平均每人能拥有1 000多棵咖啡树。哥斯达黎加的咖啡出口额占据该国出口总额的25%，非常可观。据统计，全国有1/3的哥斯达黎加人都参与到咖啡产业中，说咖啡是这个国家的灵魂一点也不过分！

举世闻名的哥斯达黎加咖啡以其清淡纯正、香气怡人著称，这种美誉不仅源于其自身出众的风味，更来源于培育它的这个国家出众的气质。

在众多咖啡生产大国之中，哥斯达黎加可以称得上“一个喝咖啡的国度”。在这里，当地人均咖啡消费量是咖啡王国意大利的两倍，其咖啡馆文化更是有着非常浓郁的地域文化特色。来这里的人们除了可以在咖啡馆喝到纯正的哥斯达黎加咖啡外，还可以听到木琴演奏的新古典主义音乐，免费享用热带水果果汁。在哥斯达黎加，所有的咖啡馆都随饮品附赠一种名为“派卡”的甜点。这无疑是一种在别的地方无法体会到的显露着平民本色的高贵与奢华。

哥斯达黎加咖啡产业有着非常规范、科学和严格的行业法规，如：种植的咖啡 100%不能受到污染；采摘之后的咖啡必须进行分类、挑选，每批咖啡的成色等级必须得不少于 7 名专家共同讨论之后才能认定；为确保较长时间的干燥，咖啡干燥时的最高温度不能高于 50℃；每批咖啡包装前必须按照“国际特殊咖啡组织”的标准对香气、酸度、风味、醇度等要求检验；国内咖啡的销售代理商必须对每批咖啡进行抽检；出售的咖啡必须有详尽的说明，其中包括每批咖啡从采摘到上船的整个过程中各阶段情况的说明等。

一丝不苟的检验、抽查与从上到下的严格执行造就了其他咖啡无可匹敌的美妙风味，从里到外世世代代所坚守的呵护正是哥斯达黎加咖啡带给人们的至高无上的尊贵表达。

与咖啡本身的绝妙风味相匹配，风格化的咖啡休闲方式是该国咖啡文化中不可忽视的一道风景。享受休闲的游客们从首都圣何塞出发，20 分钟

可到达一个叫“贝特”的咖啡庄园。在这里，人们可以看到咖啡的成长全过程，可以参观咖啡烘焙工厂，可以看到咖啡从樱桃状的浆果变成烘焙好的咖啡，还可以旁听开庭式的咖啡品评活动，并同时品尝不同成色的咖啡，最后，还可以在这里买到价格公道的优质咖啡。特色的文化活动与当地的风俗习惯融为一体，深深地印刻进哥斯达黎加咖啡的种子里，为世人带来了一番精神与物质高度融合的与众不同的尊贵享受。

煮一杯哥斯达黎加咖啡，倒入杯中细细品尝，你能领略到它特有的芬芳和浓郁气息。那柔和适中的酸味、浓郁的芳香，使尾韵在喉间长久回荡不绝，让人难忘。甚至有评论说，哥斯达黎加咖啡的某些味道与科纳及牙买加蓝山非常相似。

如果要找一种味道来形容天堂，那哥斯达黎加咖啡可以算是其中之一。这种产自海拔 1500 米以上的极硬咖啡豆代表的只有三个字：高品质。适合于中度和重度烘焙的特硬咖啡豆有着很强的酸味和迷人的芳香，哥斯达黎加咖啡更是风味清澈，酸质明亮，黏稠度也十分理想，强劲的风味使尾韵在喉间长久回荡不绝，让人难忘。

“我不在咖啡馆，就在去咖啡馆的路上。”这句耳熟能详的“名言”在哥斯达黎加显得尤为贴切。处处可以看见的咖啡馆，随意的一个路人对咖啡的如数家珍与娓娓道来，即使是不喜欢咖啡的人，在哥斯达黎加也会很快被它连空气都为之动容的气质所融化。

大抵正是因为与生活的如此亲近的融合，在哥斯达黎加咖啡农的地位很高。1897 年，首都市民见证咖啡富豪捐赠的国家剧院落成。咖啡财富为哥斯达黎加的政治、经济和民主带来稳定力量，是中美洲国家所罕见的。另外，哥国订有法律只允许栽植阿拉比卡咖啡，罗布斯塔在其境内属“违禁品”，也是世界仅见的创举。

哥斯达黎加的咖啡产量不大，年产量约 11 万吨，在中南美洲排名第七。咖啡种植者主要以新近的咖啡品种为主，如卡杜拉、卡杜艾、新世界等，古老的波旁和铁比卡咖啡并不多见。哥斯达黎加的人是如此热爱咖啡，因此在哥斯达黎加境内也衍生出了不少咖啡树变种，最有名的是波旁变种薇拉莎奇，属于风味优雅的品种，甚至连咖啡大国巴西也曾引进栽种，并在国际上获得过大奖。此外，哥斯达黎加研究机构不遗余力改良混血的卡提摩，试图降低粗壮豆血统，并增强卡提摩的阿拉比卡风味，近年已推广到亚洲试种。

略显臃肿的绿壁壶身上铺满了红宝石装饰的花草藤蔓，从壶顶到把手，再到底线的边沿，俨然一副宫廷贵妇的派头，几处褶皱，三两弯钩，处处显露着的华丽无意间赋予了咖啡贵族的味道。收藏于维多利亚博物馆。

哥斯达黎加咖啡多半采用水洗处理，近年也出现另类的半日晒处理法或称“蜜酿”处理法。哥斯达黎加标榜“蜜酿”处理的咖啡，均在麻布袋上打上大大的“Honey Coffee”，颇为抢眼。这种处理方法主要改良了巴西半日晒法以增加咖啡自身的甜味，经过如此处理的咖啡最大力度地保留了黏在豆荚上的果胶层，去果皮后将黏黏的豆荚移到户外的高架棚，避免咖啡吸收土地的杂味和湿气，然后会把生豆经过暴晒，风干约一至两周。这期间每隔一小时就需要人工去翻动豆荚，为使咖啡受热均匀干燥，充分汲取厚厚果胶层的果香和糖分精华，脱水

后还要置入木质容器熟成，极为花费功夫，但“蜜酿”的成果喝起来甚是美味，可谓真正的甜如蜜。这种处理方法虽然有很好的成果，但缺点也很明显，那就是风险较高，一遇到潮湿的天气咖啡豆很容易发霉腐败。哥斯达黎加的气候并不算太干燥，但当地的咖啡种植者却敢于采用长时间暴晒的处理法来炼制精品咖啡豆，实在让人捏把汗，不过，从这一点上也体现了哥斯达黎加咖啡的高品质。

塔拉珠产区的拉米尼塔农庄，其层层把关的严格管理奠定了世界级的口碑，风靡欧美市场大半世纪，堪称全球知名的咖啡庄园。拉米尼塔意指“小金矿”，西班牙人殖民以前，印第安人就常在目前农场位置挖金矿，可谓一块福地。拉米尼塔每年约生产 100 万磅咖啡豆，经过挑选去除瑕疵（70%以上被淘汰），只剩下 29 万磅高级品卖到精品市场。该庄园的咖啡以苹果与柑橘的酸香，牛奶与松露的浓郁，以及丝绸的精致口感见称。

哥斯达黎加咖啡的技艺甚高，不论育种、栽植或后段加工（水洗，半日晒）足为各产国借鉴。

喜欢哥斯达黎加咖啡的人通常都很挑剔，对咖啡也很专业，甚至可以说是一群“躺在咖啡豆上长大”的人。所以，当他们频频赞许哥斯达黎加咖啡是世界上最完美的咖啡时，也许你能做的就是静静地去喝一杯哥斯达黎加咖啡。

哥斯达黎加和危地马拉都是传说中生产最完美和优质咖啡的地方，而哥斯达黎加咖啡又有咖啡生产国中的瑞士美誉。为了保证咖啡的质量，哥斯达黎加所生产的咖啡尤其以质量严格见称，稍有瑕疵的次等货或劣等货往往会被毫不犹豫地弃掉。

由于哥斯达黎加的所在地为火山区域，跟印度尼西亚的苏门答腊一样，土壤肥沃，山区里排水性能良好；位于首都圣何塞南部的塔拉苏更是世界上其中一个主要咖啡产地，所生产的咖啡虽然味道清纯，但香气逼人，可以说是单品咖啡中的极品。而拿美列他塔拉苏更是当地名产区，年产量只有 7 万多千克，此外在拿美列他塔拉苏所种植的咖啡不会使用农药，采摘过程是首先经过人眼来判断咖啡豆果实的大小，然后才用手采摘。除了拿美列他塔拉苏外，哥斯达黎加尚有很多著名的产区，例如胡安威拿斯、蒙地贝奴等。

哥斯达黎加咖啡一般生长在海拔 1500 米以上的地区，其特质被称为“特硬豆”。因为咖啡豆心实，所以味素高。由于咖啡豆生长在较高的海拔，高海拔使树木可接收较充足的降雨量；较低的夜间温度令树木生长缓慢，相对来说咖啡豆的味道更加浓郁。

哥斯达黎加咖啡以口感见称，一般烘焙商都只是采用中度烘焙，但由于咖啡大多数生长在火山区域的土壤上，其另一个特性是受火，也可以使用深烘焙，往往会带给品尝者意想不到的惊喜。

在哥斯达黎加种植的都是阿拉比卡种的咖啡树，经由改良，咖啡豆的质量更好、更稳定；为了方便采摘，咖啡树经由不断剪枝维持在2米左右的高度。采摘生咖啡豆之后，必须经由去果皮、果肉、种膜及阳光暴晒，才能进行种子（即咖啡豆）烘焙，现在部分流程可由机器操作，生产咖啡的速度大大增加。不过，采摘咖啡却没有任何机器可代劳，一定要使用人工。因此，真正上好的哥斯达黎加咖啡价值不菲。

塔拉苏拉美他咖啡

哥斯达黎加的塔拉苏是世界上主要的咖啡产地之一，塔拉苏位于该国首都圣何塞的南部，是该国最受重视的咖啡种植地之一。塔拉苏拉美他咖啡是当地名产，但生产数量有限，大约每年的产量为72 600千克，它是在一块叫“拉美他”的土地上种植的。而且由于塔拉苏拉美他咖啡种植全程没有使用人造肥料或灭虫剂，均由全手工完成咖啡的收割和挑选，所以也直接导致塔拉苏拉美他的价值较高。塔拉苏拉美他咖啡风味清淡，香气宜人，属于世界名品。

ELMA

女人眼里的波多黎各，也许是两个字“蜜月”；男人眼里的波多黎各也许是两个字“篮球”；电影迷眼里的波多黎各，则或许是熟悉的四个字“加勒比海”；电视迷眼里的波多黎各，或许是另外四个耳熟能详的字“世界小姐”。但对于咖啡爱好者来说，却只有斩钉截铁的两个字“咖啡”。拥有众多漂亮小岛的波多黎各仿佛是海边的一道彩虹，在上帝垂怜的关爱中，于彩虹深处酝酿出了非一般品质的足以炫目的咖啡。

波多黎各咖啡

极致的奶香诱惑

历史篇 LISHI PIAN

度蜜月除了马尔代夫，去波多黎各无疑也是个非常好的选择。这个加勒比海上的小岛由一连串错落的小岛组合而成，各个小岛四季如春，花草丰茂，像上帝撒下的珠链，稍一转动就能看到天堂的彩虹。主岛波多黎各虽然仅有8959平方千米，是地图上小小的一点，却犹如一处放大了的盆景，承载了浓得化不开的南美风情：炽热、直接、浓重和生气勃勃。

波多黎各在西班牙文中有“富饶之港”的意思，咖啡被引进波多黎各已有超过250年的历史。波多黎各原为印第安人居住地，在哥伦布第二次

去美洲大陆的时候被发现，1509 年沦为西班牙殖民地，1898 年被割让给美国，一直是美国的一个自治联邦，其居民具有美国公民地位。经济上，波多黎各的生活水平在拉美居首位，以工业、制造业和旅游业为主要的生产部门。

1736 年，第一棵咖啡树从马提尼克引入波多黎各。从那以后，波多黎各成为生产世界上最高品质咖啡的基地。而尧科特选的独特口味也成为全世界的咖啡行家们倾慕的对象。最早的咖啡树大都是由科西嘉移民所种植的。大约 160 年之后，波多黎各咖啡产业出现了极为乐观的前景，出口总量排世界第六位。他们所生产的咖啡大多数被运往欧洲，出口国包括法国、意大利、西班牙等，直到 19 世纪波多黎各各个咖啡庄园一度繁荣。可惜的是，甘蔗

埃及开罗是世界上咖啡馆数量最多、密度最大的城市，在开罗的这家传统咖啡馆内，古典文化气息明显。该咖啡馆的波多黎各咖啡颇具特色，浓烈的芳香包裹着每一位客人，谈生意、看书、静坐……咖啡就成了跨越数百年的侍者。

尧科特选咖啡由波多黎各知名的庄园主以丰富的咖啡栽种经验与传承培育，是世界上最知名的咖啡豆之一，与夏威夷的科纳咖啡豆以及牙买加蓝山齐名，深受众多咖啡爱好者的推崇和喜爱。尧科特选咖啡具有特殊的浑厚浓郁风味，如雪茄烟草般的熏香气息，狂野奔放又带甘甜口感表露无遗。长年来受到欧洲皇室与贵族的喜爱，并且为教廷指定饮用咖啡。被国际咖啡评鉴师公认为世界排名第三的咖啡。

与药物种植业的兴起以及飓风侵袭和战争的影响又使得波多黎各的咖啡业滞后不前了。

波多黎各的咖啡树都是经过精心种植而成，其味纯、芳香、颗粒重，其中极品更居世界名牌之列，尧科特选属最上乘，其口味芳香浓烈，饮后回味悠长，香味可与任何咖啡品种相媲美。19 世纪 60 年代，波多黎各尧科地区所生产的咖啡博得了高级咖啡的声誉，遍及欧洲各国。

任何一种咖啡都会因产地而被赋予独特的风味，就像不同的音乐风格总会带给人们不同的感受。波多黎各的尧科特选咖啡有着极品咖啡所有该具备的特点，它的酸性非常稳定，颗粒饱满、风味俱全、芳香浓郁。

尧科特选咖啡豆比本岛其他产区优异的原因在于，它是种在高海拔的山区，因此生长缓慢，果实风味丰富；而且采用了古老的咖啡树种，虽然产量较少，但风味独特，这是一些新树种无法比拟的。由于当地雨量丰沛、土壤肥沃加上高海拔微型气候区，使尧科咖啡具备了极品咖啡所应具备的所有品质。当然，尧科咖啡离不开那些咖啡工人们的辛勤劳动，从栽植咖啡苗到采收后段处理都是由他们全程管理的。

当你品尝波多黎各咖啡时，你会感觉到中美洲咖啡独特的酸性味道，这是加勒比咖啡树种最具特色的味道。如果说波多黎各咖啡是最能吸引人舌头的咖啡，那应该不会过分。

今天，波多黎各的咖啡已

出口到全世界各个地方。作为加勒比海上的明珠，波多黎各的咖啡出口量已经居世界第六位。美国最重要的葡萄酒刊物《葡萄酒观察家》杂志也将波多黎各咖啡列为世界十大咖啡之一，可见其地位之高。该地区悠久的咖啡种植历史，深厚的咖啡种植文化，加上地理位置、土壤条件和独特的微气候为咖啡的生长提供了众多有利的条件。

尧科特选咖啡获得的荣誉主要有：

（1）英格兰超级百货公司 Harrod's 将其作为稀有的咖啡列为上架销售的八款咖啡之一。

（2）纽约最知名的专业食品商店 Balducci's 将它作为庄园咖啡的首选。

（3）美国最重要的葡萄酒刊物《葡萄酒观察家》杂志将它列为世界十大咖啡。

（4）被西班牙皇室御用烘焙师挑中，同时入选的还有夏威夷科纳咖啡和牙买加蓝山咖啡。

（5）畅销咖啡指南 *The Coffee Companion* 评选尧科特选咖啡为三颗星（优秀），认为它是"世界上最好的咖啡之一"。

波多黎各咖啡风味俱全，无苦味，富含营养，果味浓郁，值得所有咖啡爱好者们细细品味。尧科特选咖啡在该岛国西南部的三个农场种植，其口味芳香浓烈，饮后回味悠长。这种咖啡售价很高，香味可与世上其他任何咖啡品种相媲美，被誉为极品咖啡。

浩瀚的大西洋与清澈的加勒比海为一个小岛带来了丰沛的降雨与凉爽的空气，热带特有的阳光闪耀在上空，和着温暖的风呼唤出一批又一批浓密的雨林与形形色色的动物。这里有世界上著名的云盖雨林，走进去浓浓的水汽便将人包围，高大的林木将天空遮掩得只剩下疏疏朗朗的几条线，每一种植物的叶子都浓绿得似乎要滴下水来；而花朵与其他地方的比起来都特别大，特别泼辣；亮紫、大红、明黄、橙红等耀眼的颜色像阳光与海水一样，看了就叫人欢欣鼓舞。小小的动物常在眼前倏地蹿上树梢，而林木的茂盛也常常遮挡了鸟儿们的身影，让人们只听见远远近近的鸣叫。一派勃勃的生机将人的心情装得满满的，哪怕是一个人在林中穿行，孤独与忧伤也没有立足之地。就是这样的小岛培育出

了全欧洲都为之颠倒的咖啡，尤其是尧科特选咖啡，简直是令人着迷的咖啡。

波多黎各，作为美国“未收入版图的领土”，人们大概鲜有耳闻，更多人熟悉的可能是这里盛产世界小姐。但是，你大概更不知道，在咖啡文化浓厚的美国，最受欢迎的除了夏威夷咖啡，就是波多黎各咖啡。在欧洲，对咖啡极为挑剔的宗教国家梵蒂冈，也选择波多黎各作为咖啡饮品的特别供应商，同时波多黎各咖啡还被美国总统罗斯福选中作为白宫国宴的指定咖啡。

在尧科地区，该咖啡归当地的种植园主拥有并经营。这里的山区气候温和，植物有较长的成熟期，土质为优质黏土。这里种植一些老品种的阿拉比卡咖啡豆，尽管产量较其他品种低，但普遍优质。人们一直采用一种保护生态、精耕细作的种植方法，只使用一些低毒的化肥和化学药剂，并采取混合作物种植措施，从而使土壤更加肥沃。到了采摘咖啡豆的时候，人们在咖啡树间来回穿行，只采摘完全成熟的咖啡豆，然后还要将它们放入滚筒式装置中清洗 48 小时。

波多黎各尧科特选咖啡豆在运售之前一直是带壳保存的，直到订货发运时才将外皮去掉，以确保咖啡的最佳新鲜度。在货物提交时，美国政府的相关工作人员也会在场，他们在工作时监督生产者是否遵守了联邦法令。还有些来自地方鉴评委员会的工作人员，他们从每 50 袋中抽取 1 袋作为样品，并使用国际量器对其进行品质鉴定。

如此苛刻的条件下才能有幸加入极品咖啡的队伍，波多黎各咖啡显然是这一特权的先天持有者。200 年以来，波多黎各尧科特选咖啡一直被欧洲皇室贵族所钟爱，它服务着忠实而稳固的顾客群，成为领袖级人物、高端消费群体宠爱的饮料。

波多黎各咖啡档案

KAFEI DA

风味：口感醇厚，甜味和酸味高度平衡，并带有坚果香味、焦糖香味、些许杏仁味，回甘柔和，香气浓郁。

烘焙建议：中度烘焙。

咖啡豆大小：★★★★

咖啡酸度值：★★★★

口感均衡度：★★★★★

波多黎各咖啡，尤其是尧科特选咖啡以其极端的芳香味与深深醇厚的甜味平衡融合而著名。咖啡爱好者对这款咖啡的第一印象，也是最深刻的印象就是如奶油和黄油般润滑的口感，并带有坚果香味的清新。

波多黎各尧科特选咖啡中透露的丝丝干香相当迷人，那是一种带有诱惑力量的焦糖香味，伴有些

上图这套由印第安纳波利斯艺术博物馆收藏的咖啡器具，于 1811 年诞生于奥地利，由 19 世纪欧洲最著名的瓷器生产厂家维也纳瓷器厂精心打造而成。整套瓷器采用了多种陶瓷工艺，包括硬瓷、彩瓷、珐琅、镀金、镀银等。这套绘制有多幅古典图案的瓷器代表了 18 世纪和 19 世纪的两大艺术精华的结合——瓷器与咖啡。制作者包括了图案画家、花卉画家、历史和风景画画家、金银工匠以及珐琅大师，这些艺术家在图画和艺术表现上呈现出一种奢华的古典主义风格。

许杏仁味。冲水之后，淡香会渐渐转为苦中带甜的湿香，但在杯中表现时，这迷人的带有杏仁味的香气却会神秘地再次显现。它的回甘柔和，尤其是那种奇特的黄油和奶油般的口感总是令咖啡爱好者们难以忘怀。

波多黎各咖啡又被冠以“极品咖啡”的美誉，而“极品咖啡”经常又被冠以“专业咖啡”的称号，与之媲美的当属另一著名的专业咖啡——牙买加蓝山。

波多黎各咖啡源于最好的阿拉比卡咖啡豆。阿拉比卡咖啡树是全世界种植最普遍的一种咖啡树。然而，并不是所有的阿拉比卡咖啡都能像波多黎各咖啡那样被称为“极品咖啡”。因为，阿拉比卡咖啡树，只有在特殊的生长条件下才能够成为极品的

咖啡。

这种特殊的生长环境主要是指“高海拔”。海拔高度与咖啡密度也有直接的关系，海拔越高就意味着密度越高。波多黎各咖啡通常生长在海拔 900 米以上的位置，位于北回归线到热带或亚热带之间的地域。在波多黎各，这些阿拉比卡咖啡树又叫“波旁树种”，海拔越高，其出产极品咖啡豆的概率就越高，而咖啡豆的密度越大，其质量也越好。因此，高海拔地区的波多黎各咖啡更容易出产高品质的“极品咖啡”。

波多黎各咖啡被誉为“极品咖啡”的另一个要素就是烘焙。其烘焙工程多数由老师傅完成，才能将其咖啡豆的香味和内涵表达得最淋漓尽致。因此，当你购买波多黎各咖啡豆时，最好是向咖啡专家咨询咖啡独特的烘焙方式，以免暴殄天物。

波多黎各多拉多咖啡华美的芬芳香味以及圆润的颗粒成为世界一流咖啡最好的凭证。100%纯正波多黎各咖啡的生产均遵循最先进和最严格的质量监控，务求生产出最新鲜最有品质的咖啡豆。波多黎各多拉多咖啡是典型的加勒比咖啡缩影，给每一位咖啡爱好者留下一个光鲜的印象。

美丽的人需要美丽的去处，好的咖啡需要懂咖啡的人读懂。美酒赠英雄，咖啡酬知己，也许，就在某个遥远而梦幻的所在，某段美好的相遇随着波多黎各咖啡的缓缓热香正在向你一步一步靠近，为你营造一个彩虹般美丽的梦！

这个被西班牙人称为“财富港”的地方，在哥伦布发现新大陆之前的历史甚至是片空白。但提起波多黎各尧科特选咖啡则总能引来羡慕与渴求的眼神。尧科是波多黎各南部一个面积为176.5平方千米的区域，当地居民喜欢把此区域称为“咖啡之城”。

据咖啡师介绍，波多黎各咖啡在每年9—12月成熟，经100%人工采摘，生产加工完全按照美国最先进和最严格的质量监控，用羊皮纸包裹储藏。出产咖啡的每一块土地都有身份证，每年国家出资研究综合害虫管理项目，采用非化学的防治计划，并立法严厉禁止以破坏热带雨林的方式开垦咖啡种植用地。

波多黎各咖啡的售价高居不下，成为高档咖啡的代名词之一。几年前，波多黎各种植的咖啡产量甚至低于需求量，甚至一度完全停止了咖啡出口，因为需要进口的咖啡数量远远超过自己所种植的，更别说日渐扩大的国民需求。

导致这一现象的原因，跟波多黎各的政治环境有关。这是因为美国政府规定的最低工资法在波多黎各联合州亦有效，这一政策确保波多黎各的咖啡工人比起其他加勒比海各国的工资标准更高，这也意味着，种植咖啡需要的投入会更高，这也导致了其售价的高昂。因此，在波多黎各咖啡种植，基本只有两家，尧科特选极品咖啡与拉芮斯咖啡，尤以前者著称。

除了政治环境对价格的影响外，历史、市场等因素也在波多黎各咖啡发展过程中扮演着重要的角色。1898 年的美西战争以美国胜利而告终，结束了西班牙对波多黎各 400 多年的统治，美军占领了波多黎各。美国对食糖的需求大幅度增加，同时飓风摧毁了大部分咖啡园，天灾人祸使得波多黎各的咖啡行业遭受了严重的打击。

随后的 20 世纪，波多黎各的国民经济得到迅速的发展，在政府的大力支持和本土市场需求不断扩大的刺激下，波多黎各咖啡逐渐恢复了往日的风采。19 世纪 60 年代，曾有移民者想要改善当地的咖啡种植状况，并首创将轧花机应用到去除咖啡果皮的工序当中去，使得波多黎各咖啡一跃成为优质咖啡的代表，产销量排名世界第六。

对于咖啡爱好者来说，波多黎各咖啡，尤其是

波多黎各尧科特选咖啡豆在运售之前一直是带壳保存的，直到订货发运时才将外皮去掉，以确保咖啡的最佳新鲜度。在货物提交时，美国政府的相关机构如食品监督管理局的工作人员也会在场，他们在工作时监督生产者是否遵守了联邦法令。还有些来自地方鉴评委员会的工作人员，他们从每 50 袋中抽取 1 袋作为样品，并使用国际量器对其进行品质鉴定。

尧科特选咖啡价格都不算便宜。1990年，波多黎各岛西南部的三大庄园开始联合推出尧科特选咖啡这个品牌，以保证他们的咖啡都有稳定优异的品质。这些庄园的海拔都高出加勒比海面900米左右，咖啡树种为波旁树种以及波多黎各本地的一些变种。尧科特选咖啡产量极低，年产量仅3000袋（每袋100磅），还不及波多黎各咖啡总产量的1%，加上高昂的人工费，因此尧科特选咖啡在精品咖啡市场上的价格一直居高不下。

在尧科地区，该咖啡归当地的种植园主拥有并经营，波多黎各的尧科特选就不那么容易获得了。事实上，这是一种绝不逊于牙买加蓝山的咖啡，至少在美国，与蓝山不相上下。尧科特选也是一种几乎不含任何苦涩味道的咖啡，其芳香浓烈的味道尤其适合饭后饮用。而最重要的是，虽然历史上波多黎各曾经是咖啡出口大国，但尧科特选的产量却并不比牙买加蓝山高，甚至更少——尧科特选只在波多黎各西南部的三个农场种植，这里温和的山区气候、特有的优质黏土，使得咖啡在这里的成熟期需要6个月。当然，保证尧科咖啡品质的，还有混合种植的方法、只采摘成熟的果实和48小时的滚筒式水洗法。

意式咖啡机

更高海拔的地域特性、更漫长的成熟期、超过100英寸（1英寸=0.0254米）的年降雨量、特殊的黏土提供充足养分、追求口感完美的老树种种植、海洋性季风带来的微量营养元素、各个环节的悉心处理和监测、美国标准的工作环境等种种原因都使得尧科特选咖啡身价倍增。波多黎各咖啡就如同一颗惊为天人的加勒比钻石，闪耀着迷人的光芒，散发着无穷的魅力。

波多黎各尧科特选咖啡

波多黎各尧科特选咖啡是世界上最知名的咖啡豆之一，它与夏威夷的科纳咖啡豆以及牙买加蓝山咖啡共享顶级咖啡的殊荣，深受咖啡爱好者的推崇和喜爱。

波多黎各尧科特选风味俱全，无苦味，富含营养，果味浓郁，因此它很早便在欧洲受到上层社会的重视，甚至许多国家的国王和王后们以及梵蒂冈的教皇只选择尧科特选咖啡，将其视为咖啡中的极品。

在今天的一些著名咖啡馆里，如维也纳的中央咖啡馆、马德里的咖啡馆、伦敦和巴黎的咖啡馆，也都不约而同将尧科特选作为自己的招牌品牌。

著名作家巴尔扎克更是为之神魂颠倒，曾经非常动情地赞扬道：“这是世界上最好喝的咖啡，如果法国的咖啡馆里没有波多黎各尧科特选，那法国的咖啡馆也就没有存在的必要了。”

高举自由旗帜的精神领袖切·格瓦拉出生在阿根廷，却成名于古巴，在带给这个国家自由精神的同时，也带来了自由的味道。诚如古巴咖啡一样，用自己的方式演绎着古巴，也在用自己的姿态追逐那股永不停步的自由之风。

古巴咖啡

自由的味道

2010 年上海世博展古巴馆、中古建交 50 周年纪念活动中都出现了古巴咖啡的身影，同时它也是古巴大使馆的专用咖啡。古巴水晶山咖啡的优越已经受到各国饮食家的好评与肯定。最纯正的水晶山咖啡是得到允许、使用“古巴水晶山咖啡”品牌的顶级咖啡，是顶级古巴咖啡的代名词。

黝黑的皮肤、闻名全世界的切·格瓦拉式贝雷帽、粗大的雪茄，这是古巴留给全世界的颜色与风格印象。在世界的一隅，西印度群岛，有这样一个生产咖啡的独特区域，用自己超然、原始的自然环境，明媚的加勒比海风光培育出了享誉世界的古巴水晶山咖啡。

古巴咖啡历史由来已久。1748 年咖啡经由多米尼克传入古巴。好的咖啡盛产地总有相似的咖啡培育条件，古巴地区也不例外。由于土地肥沃，气候湿润，雨水充沛，这里成为造物主厚爱的咖啡种植的天然宝地。适宜的自然条件为咖啡树的生长提供了有利的自然环境，咖啡在这里得到很好的种植和发展。古巴咖啡的种植经由国家进行统一管理，最

古巴咖啡档案

风味：香气浓郁，口感顺滑，酸度较低。

烘焙建议：中度至深度的烘焙。

咖啡豆大小：★★★★

咖啡酸度值：★★★

口感均衡度：★★★★★

好的咖啡种植区位于中央山脉地带。这里盛产咖啡，同时也盛产石英、水晶等珍贵矿物，所以被人们亲切地称为“水晶山”。这里出产的咖啡的显著特征是颗粒大，而且咖啡豆的颜色为明亮的绿色。之后又开始拥有自主的咖啡品牌“水晶山”，中文商标名为“琥爵”，最初是以满足来自古巴的美食者和国内咖啡消费的特色咖啡。精品的古巴咖啡选用的是在古巴山区种植的阿拉比卡品种，它是由农场主生产并供自己使用，因此被认为是质量更好的咖啡。它采用100%古巴阿拉比卡水洗，它的香气、味道和咖啡豆本身都彰显出咖啡的卓越。因这种咖啡品质高、味道平衡度佳、口感特别等原因，被咖啡爱好者们誉为“独特的加勒比海风味咖啡”、“海岛咖啡豆中的特殊咖啡豆”。

古巴人奔放热情，他们的国家也一样明朗而快乐，同时又非常诚信与执着。对于自己生产的咖啡，古巴人决不允许有半点有损质量的行为发生。所以时至今日，古巴人依然坚持按照阿拉伯人做咖啡的水洗标准去加工自己的咖啡，而且古巴人一直都秉承其特有的传统做法制作咖啡，认真地控制烘焙过程，既要有十分可口的浓郁香滑的咖啡原味，还要保持咖啡豆不会由于过分烘焙而导致燥热……严苛的管理让古巴咖啡越来越出众，俘获了越来越多咖啡爱好者。古巴咖啡与蓝山咖啡口味近似，几乎可媲美牙买加蓝山，所以又被人们尊称为“古巴的蓝山”。

古巴水晶山咖啡号称全世界最“柔和”的咖啡品种，平衡细致的口感，婉约的舌尖体验，让古巴咖啡成为咖啡中以“委婉温柔”而著称的咖啡品牌，更有人因此将古巴咖啡称作“咖啡中的优雅公主”，令人想起《罗马假日》里安妮公主的漂亮、调皮与非凡气质。

古巴水晶山咖啡在世界排名前列。水晶山咖啡豆是典型的海岛豆，口感干净细致，有微微的酸味，并不强烈但却很持久，并带着甜甜的瓜果香。由古巴水晶山咖啡豆泡制的咖啡拥有十分珍稀而且完美的味道，细细品味，你能在一种苦涩中尝到些微的芳香，味蕾体验感觉很棒，入口倍感浓醇与顺滑。如果有与其他咖啡的对比，更能细细品味到古巴水晶山咖啡中所含的似葡萄酒一般的微苦及淡淡的甜味，甚至还隐约含有一丝烟味，细致顺滑，清

哈瓦那最著名的咖啡馆，因为海明威曾经光顾而受到游客的青睐。不过喝杯这里的咖啡，以古巴人的月收入来说，恐怕是一件极为奢侈的事情。因此，这家咖啡馆的顾客只可能是来自海外的游客。

世界著名的 Carrier-Belleuse 咖啡壶在 1880 年就已经成为新艺术风格的代表作品。作为 1880 年金属艺术展金牌获得者，该咖啡壶首先便透露出欧式的宫廷味道，它以古董为创作灵感，白色的银壶扑面而来的是种贵族的高雅气息，而宽大的把手和精细的纹理又分明在表达一种实用且高品质的生活诉求。作为一件高级的定制银器，曼妙的壶嘴和弯曲的裸体女人塑像与把手若即若离，却并没有抢夺太多的空间，和谐的统一增加了银壶整体的优雅气质，这几乎代表了“法式生活艺术”的全部。

爽淡雅。众多的味道混合在一起，搭配得几近完美。

完美的咖啡也需要完美的冲调才能凸显完美的味道，冲煮水晶山咖啡必需的咖啡器具是美式咖啡机或选择完全手冲。由于此咖啡味道香醇，如果想品尝到其中的特别之处，不妨选择多放些牛奶，但不要像越南咖啡一样放入太多的奶油，也不要放太多的糖，通常两三勺的牛奶就能充分发挥古巴咖啡的味道，让味觉体验恰到好处。相信品尝过古巴咖啡独特味道的人，会对它留下深刻的印象。

古巴最好的咖啡种植区位于中央山脉地带，咖啡的种植与加工都秉承了优良的培植传统，种植者们坚持完美咖啡的原则，为了确保咖啡的质量，全部以纯手工采摘咖啡豆；为了保持咖啡的风味，处理咖啡豆时一律采用水洗法处理；为了体现咖啡的卓越，咖啡烘焙采用中度烘焙与深度烘焙。

古巴水晶山咖啡如同一个优雅的公主，拥有女性天生温柔、高贵、柔情、优雅的感觉。它平衡度极佳，苦味与酸味配合极好，在品尝时会有细致顺滑、清爽淡雅的感觉。

喝古巴水晶山咖啡，一定要在做咖啡前先加糖。因为古巴人深信，这种浸在咖啡中的糖会更甜，浸在糖中的咖啡会更香。

有人说古巴水晶山咖啡的味道在微微的甘甜中透露着一丝淡淡的苦涩，有些挑逗般的丝丝扣人心脾。古巴水晶山淡雅的馨香可以让人们浮躁的心安静下来，在不急不躁中体味到人生的杂陈五味，有苦又有甜……古巴水晶山咖啡这种特别的心灵安抚让历史上许多热爱咖啡的艺术家、作家都灵感纷飞，创作不断。贝多芬的乐曲、毕加索的油画、村上春树的文字，这些飘着咖啡香的作品如今已经同咖啡

一样成为现代时尚的一个代名词。而作为有品位的时尚达人来说不可以缺少咖啡，更加不可缺少古巴水晶山咖啡。

煮制一杯口味上好的咖啡，品质出众的咖啡豆和恰到好处的糖是少不得的，适当的水温和甘醇的水也是必不可少的主角。咖啡是一种充满香味的诱惑，在古巴这种诱惑却来得很甜。

古巴咖啡的做法很简单，成分似乎与普通的单品黑咖啡无异，只是步骤上有着小小的差异。把新鲜烘焙的咖啡豆中度研磨后装在滴滤式咖啡机的漏斗里，之后在漏斗的中间挖出一个小坑，在坑里加一层糖，把坑填平，按照普通方法做出滴滤式咖啡，这样调制的咖啡充满古巴风味，更多泡沫，也会更甜。加入的糖以没有经过精制的红砂糖为宜。

当然如果想喝到最纯正的古巴咖啡，就少不了用原产地的古巴咖啡豆。古巴咖啡豆口感带劲，甘香顺口，口感接近蓝山，但酸度没有蓝山明显。这一突出品质，也使得古巴咖啡成了高档咖啡馆的招牌品类。

最传统的咖啡是黑咖啡，也叫清咖啡与纯咖啡，而说到黑咖啡不得不提的是古巴水晶山咖啡。这是全球公认的最“柔和”的咖啡，以口感平衡细致而著名。咖啡的口感如重金属音乐般强烈，但在全世界范围内，却唯独古巴水晶山咖啡的口感细致平衡得像乡村小调的柔和。品一口古巴咖啡会让人从烦躁的城市喧哗中一下子走出来，进入到古朴的乡村小镇，在宁静中享受到生活的真正品质，让人陶醉其中无法自拔。

古巴水晶山咖啡在世界排名前几位，由于每年产量不高，所以很多时候都有价无市。可以说古巴水晶山咖啡是古巴与中国咖啡迷进行情感交流的温和使者。

目前，古巴咖啡中古巴水晶山咖啡是价格较为昂贵的咖啡。价格高主要出于两方面的原因：一方面美国对古巴经济制裁，不开放古巴的物资进口；另一方面目前古巴咖啡豆大多被法国及日本市场收

购，所以如今很难向古巴直接购买到本地咖啡豆。尽管价格不菲，但古巴咖啡在全球咖啡爱好者心中的地位依然可以与牙买加蓝山咖啡相提并论。不过令人担心的是，近年来古巴咖啡的产量持续萎缩，年产量只相当于历史最高年产量的十分之一。

过去古巴是咖啡出口大国，1961 年咖啡产量超过 6 万吨，但最近几年，古巴咖啡产量却下降到了 5500 吨，为历史最低水平。古巴当地媒体《劳动者》周刊援引古巴农业部的资料说，古巴曾经是加勒比海地区最大的咖啡生产国之一，但由于各种复杂原因，自 2005 年来该国咖啡年产量只有 6000 多吨。甚至很难完全满足古巴国内的咖啡需求。因此，古巴需要 5000 万美元进口大约 1.9 万吨咖啡豆来满足国内的需求，这一原来创汇的行业已经变成消耗外汇的行业。《劳动者》报还认为："这是古巴经济中最苦的一杯酒，古巴种植咖啡已经有 250 多年的历史，因而不会放弃对咖啡的种植，相反会采取新的措施，如提高咖啡农的收入，集中优势资源在最好的咖啡产区等，争取提高咖啡的产量。"

导致咖啡产量连年萎缩的原因，除了近些年来连续遭受干旱、飓风等

进入中国市场的古巴咖啡全部选自古巴高海拔地区无污染的水晶山咖啡豆，是典型的加勒比海系咖啡豆。咖啡豆的颗粒全部以筛网17—19为标准严格选定，筛选的咖啡豆颗粒大，成熟度高，且全部是由手工采摘完成的，采用水洗式精制法，最大程度上剔除瑕疵豆以及其他杂质。

自然灾害影响之外，政府缺乏对化肥、农药、农具的支持也是重要因素。此外，为保证居民的配给供应，政府一直有意压低咖啡收购价格，也使农民放弃咖啡而改种其他有利可图的作物。

鉴于古巴的外汇短缺现状，提高古巴国内咖啡产量已成为农业部门的当务之急。

水晶山咖啡

古巴水晶山号称“古巴的蓝山”，主要是由于其与牙买加的蓝山山脉地理位置相邻，气候条件相仿，风味与蓝山咖啡相似，甚至可媲美牙买加蓝山，因此所得。最为纯正的水晶山咖啡是古巴当地著名的 Cubita，中文名叫琥爵。如果说水晶山咖啡是古巴咖啡顶级的代表，那么琥爵咖啡就是水晶山咖啡顶级的代表。

琥爵咖啡是古巴最主要的品牌，也是水晶山咖啡中的极品，其口感醇厚，舌味悠长。琥爵咖啡原豆是选自古巴高海拔地区加勒比海东部系列豆，筛选的咖啡豆颗粒大，成熟度高。所有咖啡原豆都由手工采摘完成，采用水洗式精制法，最大程度上剔除出瑕疵豆以及其他杂质，再加上资深烘焙师的精心烘焙，才让咖啡爱好者有幸与独一无二的咖啡豆相逢。琥爵咖啡无论在口感还是纯度上都有着拼配咖啡无法比拟的特点。可以这样说，在全世界 90% 都是商业混合咖啡豆的今天，会选择琥爵品牌的消费人群都有着对咖啡品质的高要求和对其独有口感的推崇。

CAFE

秘鲁咖啡的美丽自然天成，从外形到口感，都有一种最原始的魅力，不用任何雕饰就可以艳惊四座。如果说有一种咖啡既不会太过热烈，让人有些窒息，也不会太过低调以至让人遗忘，那么这种咖啡的名字就叫作秘鲁咖啡，它用最原始的姿态向全世界诠释着自己平淡的幸福。

秘鲁咖啡

沁入人心的平淡魅力

在秘鲁，最优质的咖啡产于查西马约、库斯科、诺特和普诺。秘鲁咖啡质量相当优质，可与中美或南美的任何一种咖啡相媲美。这些小家碧玉们大多从安第斯山脚下一直走到世界各地咖啡爱好者的桌旁、心里。

秘鲁咖啡名声不算很大，但美誉不少。说起秘鲁咖啡的历史，时间也不算很长，最早在 18 世纪初期秘鲁当地开始有咖啡豆种植，时光飞逝，200 年后的今天，秘鲁仍旧保留有很多传统的咖啡树种，占到整个咖啡出口量的 60%。与其他国家相比，秘鲁咖啡在咖啡国际市场营销上作为甚少，甚至与那些对咖啡制作加工严格的咖啡大国，如牙买加、古巴等地相比，秘鲁咖啡在国内也缺乏健全的生产销售管理体系，这也是秘鲁咖啡虽然为咖啡爱好者所称道，但却在国际上的知名度不够高，这也是难以寻觅其踪影的重要原因。

作为后起之秀，秘鲁咖啡正在努力提高自己的国际知名度，进军国际市场。位于南美洲西部的这个国家，海岸线长达2254千米，安第斯山纵贯南北，山地面积约占全国面积的1/3，全境属于热带沙漠区，气候干燥而温和。多达98%的秘鲁咖啡被种植在这里，当地良好的经济条件和稳定的政治局势保证了秘鲁咖啡的优良品质。20世纪70年代中期，秘鲁咖啡年产量约为90万袋，之后，年产量稳定增长至130万袋。

秘鲁咖啡又被誉为“有机咖啡的代言人”，它的尊贵地位体现在口感、外观、香气等众多方面，是有品位的咖啡爱好者的最爱。

在第22届美国特种咖啡协会博览会上，秘鲁咖啡击败了哥伦比亚、危地马拉、肯尼亚等咖啡生产大国的产品，赢得了“世界最佳有机咖啡”大奖。这次博览会共有近140种咖啡参加评比，根据评委鉴定，秘鲁咖啡以其特有的味道和香气战胜其他竞争产品获得世界最佳有机咖啡的殊荣。

秘鲁有机咖啡豆生长于海拔1700米左右的高山地区，它有着饱实的口感及浓郁的香气，适用于滴漏式咖啡机，可以制作浓缩咖啡，适合搭配牛奶饮用。由于其温和度高，也可作为混合咖啡使用，以至于国际有机作物改良协会（OCIA）评定其为秘鲁183项有机食品之一。

所谓有机咖啡，就是在生长过程中不使用合成杀虫剂、除草剂或者化学肥料的咖啡。这些种植咖啡的方式，有利于维持一个健康的环境和保持地下水的纯净。咖啡收割之后，一定要使用经过有机认证的烘焙工厂对咖啡豆进行加工。

需要强调的是，秘鲁是世界上最大的有机咖啡生产国和出口国，其产品主要销往美国。目前，秘鲁有机咖啡占美国市场的份额达25%。

当一杯普通的秘鲁咖啡置于手中时，你无须极力去品味它是否优质。秘鲁咖啡的口感香醇，酸度恰如其分，这种沁入人心的平淡魅力已经让越来越多的人喜欢上了它。

如果想要品尝一杯好的咖啡，请务必要挑选新鲜烘焙的咖啡豆。但若只是要喝杯走味的咖啡，那尽管走进卖场买包陈年的咖啡豆，不过您应该知道，咖啡最佳赏味期，烘焙后只有60天。

（1）避免到大卖场购买，大卖场、大型咖啡豆商店因一次大量烘焙，在货架上都已放了很久，可能超过60天内的最佳时期。

（2）看清楚烘焙日期，至少要选择烘焙日期60天内才算聪明的选择。

（3）选择咖啡来源标示清楚。

（4）选用不透光且有单向通气阀的包装袋：烘焙后的咖啡豆，容易氧化，缩短最佳品尝时期。

秘鲁是块巨大的多样化的土地，可供他们生产大量不同种类的咖啡豆，秘鲁能产出非常优质的秘鲁咖啡。总的来说，这些咖啡豆有着中美洲的亮泽，但是全部用南美洲的风味包装。优质的有机场地的确使秘鲁咖啡有着更多的乡村咖啡特色。

秘鲁咖啡一直被用作综合咖啡稳定醇度的混合豆之一，丰富的酸度和醇厚滑顺是它的最显著特征。品质出众的秘鲁咖啡有浓郁的香气，口感滑顺、层次分明，浓郁甘甜，并含有优雅温和的酸味，会悄然唤醒你的味蕾。

秘鲁咖啡豆以中部的查西马约与南部的库斯科两地所产的咖啡豆最为出名，不过最近几年秘鲁的有机咖啡产业发展相当显著，有机咖啡采用的是在树荫下种植咖啡豆。虽然在树荫下种植的方法使得咖啡豆产量不高，但是其品质却可达到极品咖啡的水准。这是由于树的遮阴可以减缓咖啡果的成熟，帮助咖啡充分地生长，使其含有更多的天然成分、孕育更上乘的口味，并减少咖啡因的含量。

秘鲁咖啡是传统的中美洲顶级咖啡豆。目前在各种咖啡促进活动中，通过有机认证以及公平贸易活动，秘鲁咖啡也开始一步步走上国际舞台。据官方数据统计，秘鲁咖啡目前已成为该国第一大出口农产品，占到农产品出口额的50%，不过在总出口额中比重依然较小，只占到2.9%。近年来，咖啡越来越受到政府的支持，再加上秘鲁种植咖啡采用的是有规划的种植，这也使得当地的咖啡产量得以大大提升。

秘鲁咖啡虽然正在崛起的路上，但这并不妨碍秘鲁成为咖啡种植生产的大户。另一方面，秘鲁咖

秘鲁咖啡档案

风味：口感滑顺、甘甜层次分明，香气浓郁，酸味诱人。

烘焙建议：中度至深度的烘焙。

咖啡豆大小：★★

咖啡酸度值：★★★★

口感均衡度：★★★★

这座位于阿姆斯特丹的星巴克“银行”概念店是将星巴克咖啡店建在了一个极具历史意义的银行内，由首席设计师 Liz Muller 带领艺术家和手工艺人组成的团队完成。该店的秘鲁咖啡最受欢迎。

啡的质量也非常好，可与中美或南美的任何一种咖啡相媲美。秘鲁所出产的优质咖啡被运到德国进行混合，然后再运往日本和美国，这也从另一个方面说明了其质量的高标准。千年前的印加文明让秘鲁咖啡有了属于自己的独特味道，尽管现在的发展有些坎坷，但相信秘鲁咖啡总有一天会走上世界精品咖啡的舞台，展示给世人独特的芳香。

大部分秘鲁咖啡是纯天然种植的，其要价比其他普通咖啡高出10%—20%。导致这种状况的原因主要来自于两个方面：一是收购者对有机咖啡高价收购；另一方面，贫困的种植工人们甚至没有足够的支出用于购买化肥和农药。这些因素也保证了秘鲁咖啡的健康、优质和高价。

20世纪70年代中期，秘鲁咖啡年产量约为90万袋，尽管如今已经增加到130万袋左右，但价格从未降过。虽然有私营出口商通过中间人收购偏远地区的咖啡，但是主要市场仍由政府垄断。后来私营的秘鲁咖啡出口商会诞生，该商会致力于咖啡质量的提高，其首要任务是确定标准、剔除劣品，从而形成一种质量至上的氛围。这一积极的举措预示着咖啡业光明的未来。在秘鲁出口产品中，有机咖啡豆占绝大部分，其余为焙烤过的咖啡粉。秘鲁有机咖啡的主要消费国包括美国、比利时、德国、英国和加拿大等国家，但近来中国和东欧国家的市场需求也开始增长。

有关专家认为，目前，国际市场对环保型无化肥、无化学农药产品的需求呈增长趋势，这在客观

上有助于秘鲁有机咖啡的出口。秘鲁有机咖啡的出口额近年逐年增加。2006 年为 6180 万美元，2008 年达 1.26 亿美元，如今平均每年为 1.5 亿美元左右。此外，秘鲁也成立了国家咖啡委员会专门督促咖啡的种植与出口，咖啡委员会计划向国内 50%的咖啡产区提供特种咖啡质量证明，即对这些地区产品给予有机咖啡、公平贸易、品质优良和原产地等方面的认证，以鼓励生产味道独特、质量上乘的环保型咖啡。

比利亚里卡咖啡

提起南美洲的咖啡，人们首先想到的可能是古巴咖啡、哥伦比亚咖啡和巴西咖啡。其实，秘鲁咖

范思哲的海蓝咖啡套具

啡也越来越受到咖啡生产加工商、咖啡厅经营者以及咖啡爱好者的喜爱，尤其是比利亚里卡咖啡更是被人们誉为秘鲁咖啡中的精品。

比利亚里卡咖啡目前是秘鲁口碑与声望都名列前茅的咖啡品牌，是秘鲁咖啡里的精品咖啡，主要产于秘鲁帕斯科省奥克萨潘帕地区。这一地区在 2010 年 6 月被联合国教科文组织指定为生物圈保护区。比利亚里卡咖啡树生长于生物圈内的山区地带，那里土壤和气候适宜，自然环境利于咖啡生长。这一地区是世界公认的小粒咖啡种植最佳地区之一。

比利亚里卡咖啡的口感柔顺，香气细腻，醇中带甜，具有中美洲咖啡少有的厚实圆润味道，余味悠长，被评选为最适合研磨的顶级咖啡。该咖啡从采摘到烘焙都是由各自领域中的熟练工人进行，从而保证了每一杯比利亚里卡咖啡都拥有卓越的品质和绝佳的口感。

有种电影叫墨西哥情调，有种味道叫墨西哥咖啡。对于咖啡爱好者而言，墨西哥咖啡似乎可以代表墨西哥最诱人的两面：有时清澈而纯净，是优雅而高贵的墨西哥；而有时作为万千本地美食的开端与象征，虽然市井，却真实而生动亲切。

墨西哥咖啡

风情万种的美味咖啡

由于终年气候温和，雨量充沛，所以咖啡品质好也是理所应当的事情了。墨西哥咖啡栽种地区靠近危地马拉，主要产区有柯柯拉贝古、澳阿路卡各州，产品多为高地生产的咖啡豆，具有很好的芳香味和酸味。

墨西哥目前是世界第四大咖啡生产国，目前年产咖啡约 500 万袋。历史上墨西哥咖啡曾经有一段时期为大庄园主操纵，但那些已经随着时光的变迁，渐渐成为过去。现在大部分的墨西哥咖啡是由近 10 万户的小耕农生产的，每公顷产量约为 630 千克。如今墨西哥咖啡业主要由墨西哥咖啡协会控制管理，也就是说墨西哥咖啡协会控制着咖啡种植，也控制着咖啡豆的市场。同肯尼亚有些类似，墨西哥咖啡协会为咖啡种植农民提供最低的收购价格、技术建议和其他帮助，这些都曾有效帮助咖啡业繁荣壮大。不过从 1991 年起，咖啡协会的活动已有所减少，照目前来看，它的职能还可能进一步减弱。

墨西哥最好的咖啡产地是该国南部的契亚帕斯，这里种植的咖啡品种包括塔潘楚拉和维斯特拉。瓦哈卡地区也出产上等咖啡豆，靠自然条件生长的普卢马科伊斯特派克咖啡豆是其中极品。瓦哈卡地区还出产阿尔图拉奥里萨巴咖啡和阿尔图拉瓦图斯科咖啡。阿尔图拉科阿塔派克地区出产韦拉克鲁斯咖啡。墨西哥最好的巨型咖啡豆是利基丹巴尔咖啡豆。咖啡协会职能的减弱和价格支持的消失，在实质意义上是帮助了一些生产者，因为这迫使他们发展各自的品牌，并取得与国外市场更紧密的联系。

虽然巴西的咖啡专业性价值不大，但墨西哥咖啡极其适合与之搭配。再加上墨西哥咖啡产量巨大，所以从目前的情况来看，市场上的墨西哥咖啡价格并不昂贵。

墨西哥咖啡全部都是水洗处理咖啡，口感简单质朴，明亮单纯的酸味与危地马拉咖啡接近，入口的感觉很像白葡萄酒，和浓郁厚重的苏门答腊曼特宁刚好形成两个极端。品质较好的墨西哥咖啡会当作单品咖啡出售。

在墨西哥旅游，除了有名的玉米卷必须要品尝，墨西哥咖啡无疑是最不能省略的一道风景。墨西哥地属中美洲咖啡产区，所产咖啡出口全球各地，品质优良。加上墨西哥人热情乐观，咖啡厅经常是聊天、休闲的聚所，所以这里的咖啡韵味悠长。再加上中美洲阳光明媚，气候宜人，捧一杯咖啡畅聊一下午是再自然不过的风景。

还记得星巴克墨西哥荫栽咖啡吗？这可是令很多咖啡迷成为星巴克座上客的原因之一。墨西哥荫栽咖啡产自契亚帕斯地区，它坐落于墨西哥南部，当地数以百计的小型咖啡农庄培植出了口感轻柔、酸度清新怡人的墨西哥咖啡。品质出众的墨西哥荫栽咖啡源自契亚帕斯地区内最后的一片原始森林——艾参银蒲保育区，这里风景秀丽且生物多样性丰富。纯净美丽的自然环境孕育了口感轻柔、酸度清新怡人的星巴克墨西哥荫栽咖啡。咖啡豆农采用荫栽及有机耕种方式，将咖啡树种植于树荫下，以保护墨西哥境内最后一片森林的生物多样性。

墨西哥人热情乐观，墨西哥咖啡似乎也很好地沿袭了这一传统。浓烈香醇的咖啡香，独一无二的酒精调制方式，再加上与冰咖啡的融合无间，墨西哥咖啡的芳香醇厚绝对能够担当墨西哥豪迈风情代言的重任。

墨西哥咖啡粒大且酸甜有劲、味香浓，大概正是因为如此，所以有些咖啡爱好者私下里将其称之为最热情的咖啡——新鲜而刺激、浪漫又迷人，可以说墨西哥咖啡具有享受生活的节奏快感。独特的酒精咖啡，有趣的酒与咖啡的充分混合，让墨西哥咖啡的风格更加突出与醇厚，可以说墨西哥咖啡是

咖啡的好处：

(1) 咖啡含有一定的营养成分。咖啡中含有烟酸，烘焙后的咖啡豆含量更高，并且有游离脂肪酸、咖啡因、单宁酸等。

(2) 咖啡对皮肤有益处。咖啡可以促进代谢机能，活络消化器官，对便秘有很大功效。使用咖啡粉洗澡是一种温热疗法，有减肥的作用。

(3) 咖啡具有解酒的功能。

(4) 咖啡还可以消除疲劳。

(5) 一日三杯咖啡可预防胆结石。

(6) 常喝咖啡可防止放射线伤害。

(7) 咖啡的保健医疗功能。咖啡具有抗氧化及护心、强筋骨、开胃促食、消脂消积、利窍除湿、活血化瘀、息风止痉等作用。

(8) 咖啡对情绪的影响力。实验表明，一般人一天吸收 300 毫克（约 3 杯煮泡咖啡）的咖啡因，对一个人的机警和情绪会带来良好的影响。

最具传统风味的咖啡，充满了典型的墨西哥热情豪迈的气息，很适合男性饮用。

当然，墨西哥落日咖啡也是想了解墨西哥咖啡的人不能错过的一个精彩亮点。听起来浪漫的落日咖啡制作上很简单：咖啡、奶油、蛋黄以及白兰地。黑色的咖啡上面点缀一层雪白奶油，奶油上面放一粒新鲜的蛋黄，蛋黄上面洒一点白兰地，之后别有风情地将它用火点燃，层层叠叠透露着一股晚霞正燃，余阳未满的落日风情，着实让人从视觉到味觉上都极尽浪

这套在 19 世纪七八十年代诞生的梅森瓷器是当时欧洲高档餐厅和贵族家庭选用的艺术精品。精美的制作往往体现在瓷器表面的各种鲜艳的图案上，蓝山雀、太平鸟、黄金雀、翠鸟，在午夜蓝的背景下显得格外高贵和热闹，就像杯中的热咖啡那样，说不定什么时候就把人的思绪带到了另外的境地。椭圆的托盘和两个咖啡杯构成了这套咖啡壶的整体，贵族生活也不过如此简单和谐。

漫风情！

饮用这样富有浪漫色彩的咖啡，看着午后的时光从指缝间慢慢地走向黎明，仿佛此刻拥有了一段特别为自己而暂停的美好时光，所能想到的只有浪漫二字，再无其他。

人工造就高品质，所有的好咖啡似乎都冥冥中有此默契。同其他好咖啡一样，墨西哥咖啡也采用了全人工的挑选方法。

人工筛选的主要依据是咖啡颗粒的饱满程度，看其是否均匀，据此筛除品质不佳的咖啡豆，成功闯关后的优质咖啡豆随后还会被分出等级，只有颗粒最饱满、最均匀的咖啡豆才能作为墨西哥咖啡的代表，并据此烘焙出代表墨西哥最优质、最上乘的咖啡。

墨西哥咖啡的晒制也很特别，工人将咖啡豆采好后，会集中把咖啡豆摊放在一座特别建造的四面通风的特殊的房子里。前后晒制用时大约一周，之后会把咖啡豆装入包装松散的袋子，继续风干，通过袋子让咖啡豆接受风的洗礼。这一过程需要经过大约七周时间，等到咖啡豆变了颜色和味道，再经由人工细细筛选，最后选出质量、品相皆上乘的咖啡豆，正式装袋保存。

享用墨西哥咖啡时，一种刺激的喝法也令咖啡爱好者们津津乐道，这就是龙舌兰酒的加入，它让墨西哥咖啡具有了火辣的魅力。杯底倒入一小杯龙舌兰酒做基底，然后再倒入牛奶和咖啡，装饰奶油和肉桂，另类的含酒精咖啡让人难以忘怀。

墨西哥的顶级咖啡被称作阿尔杜马拉咖啡豆。能担当起顶级的称号，自然品相也不是徒有其名。阿尔杜马拉咖啡豆颗粒大而丰满，拥有强烈的甜味、酸味和很好的芳香味。丰厚的味道与墨西哥人生性乐观、热情的态度倒是颇为符合，大概也正是

如此具有国度的个性，所以香醇浓厚的墨西哥咖啡不仅深受本国人的喜爱，也让很多咖啡专家称赏有加，赞不绝口。美味的墨西哥咖啡喝起来也很有风情。不含酒精的墨西哥咖啡加配香浓的牛奶是让很多人流连忘返的诱惑。把一杯牛奶、一茶匙肉桂粉和一茶匙香草粉放进锅里加热，保持中温，小火慢热，牛奶不要沸腾，温度足够之后缓缓倒入可可粉，充分溶解并搅拌均匀。如果喜爱巧克力，还可以用醇厚的巧克力浓浆代替可可粉和牛奶进行混合。等到牛奶微凉倒入准备好的咖啡中，在咖啡表面用冷奶油打出奶花装饰，再加上一根肉桂，美味就此成就了一干人的口腹。巧克力和肉桂的香味混合在一起，散发出火热沙漠的味道。品尝着这样一杯咖啡，仿佛穿行在充满沧桑感的沙漠地带。

的确，喝过墨西哥咖啡后，确实有忘记烦恼的作用，所以不妨将其称为饮料界的“忘忧草”。虽略带苦涩，回味却很甘醇。香气浓郁、味道独特成为墨西哥咖啡标志性的特征。恰当的饮用温度，绵长的醇腻口感，这就是风情万种、花样繁多的墨西哥咖啡。

墨西哥作为世界上最大的咖啡生产国之一，在面对国际市场出现的咖啡价格低迷的现状，如何让一亿墨西哥人更加热爱咖啡，成了其保护墨西哥咖啡产业的重点。

墨西哥是位列世界前几名的软性饮料消费国之一，但在咖啡的消费量方面则是敬陪末座，这对于咖啡生产量居全球第五的墨西哥来说无疑是一种讽刺。

近年来由于咖啡的市价跌到有史以来最低的价位，因此许多咖啡生产国包括墨西哥都遭到前所未有的危机，因此他们都倾向于增加本国的咖啡消费量，企图以此降低国际市场价格波动的冲击。

墨西哥咖啡协会的执行董事罗伯特·吉泽曼一直致力于墨西哥咖啡的改造计划，在早先的墨西哥精品咖啡协会（又称 Calicafe）时代，他的努力就已让各地买家以及进口商深深认同墨西哥咖啡的精品地位。

但要维持精品咖啡品质的稳定仍是一条崎岖难行的路，目前只有极少数国家（如哥伦比亚）能够大声地对外宣称他们生产的咖啡是被世界所认可的精品咖啡，因为他们的胡安·帝滋咖啡品牌是行业的典范。

为了提升墨西哥咖啡的整体形象，墨西哥咖啡协会推出了一款代表墨西哥咖啡的标志图案。虽然与哥伦比亚的标志相去甚远，但这个标志也同后者

墨西哥咖啡档案

KAFEI DA

风味：口感微酸，带有水果的香甜味道，香气浓郁。
烘焙建议：中度烘焙。

咖啡豆大小：★★★
咖啡酸度值：★★★★
口感均衡度：★★★

一样具有醒目以及使人感到愉快的作用。

此外，整个墨西哥咖啡界也希望在不久的将来，这个使用明亮色调的咖啡豆标志能够被世人认同为精品咖啡的标志，更希望不论是国际精品咖啡市场或是一般消费者都能这样认为。

这个认证计划还有国家元首签署的法令在背后支持着。法令中明文规定所有咖啡出口商都必须从他们现有的咖啡豆中挑出5%的低品质豆，包括残缺不全、发黑、未完全成熟以及发酵不当等瑕疵豆，通常这些瑕疵豆都会做成即溶咖啡。

墨西哥国内原本的每人使用0.743千克的咖啡豆，咖啡协会希望通过努力，让人均消费提升为每人1.5千克，加上联邦政府资助购买约1800万到1900万美元的咖啡豆，使得原本墨西哥本国咖啡消费量将由原先的1300万袋提升至2600万袋。

罗伯特说：“我们想要将所有咖啡的前面20%部分用来出口外销，剩下的80%都留做国内消费用，这是我们的理想。我想，对于我的推销团队而言，或许目前最重要的课题是如何说服墨西哥一亿的人口喝咖啡，并告诉他们‘喝咖啡对健康是无害的，而且绝对比一直喝可口可乐健康’。”

罗伯特说：“不管你是一般消费者还是进口商，一旦你看到这个标志，您就可以放一百二十个心，保证买到的是品质有保障的精品咖啡豆。因为这些咖啡豆都必须先经过严密的品质把关，通过检测之后才能加上这个标志。”

科特佩咖啡

科特佩距离韦拉克鲁斯州首府哈拉帕市不远，是现在墨西哥最传统、品质最好的咖啡产区，素有“咖啡之城”的美誉，科特佩全城都荡漾着烘焙咖啡的芳香，可以说是颇富浪漫的咖啡风情，凡是在当地生产的科特佩咖啡豆均属于“高地咖啡”，严选自科特佩高山，经中度的烘焙，口感酸甜，并带有令人愉悦的香甜的坚果味和巧克力的香味，狂野有劲，被专业的咖啡人士认定为全世界最好的咖啡之一。

上好的咖啡豆是造就高品质科特佩咖啡豆的因素之一，悠久的历史积淀则是造就科特佩咖啡风情的另一因素。科特佩市中心完好保存了许多墨西哥殖民地时期的古建筑，如果能在傍晚喝一杯正宗地道的科特佩咖啡，再领略一下夕阳下的科特佩风情，那无疑是一种特别的享受。

如果要提到一个国家给孩子起名字非常随意而有趣，那必然非洪都拉斯莫属。“汽车轮胎”、“闪亮插头”不仅能成为孩子的名字，甚至“感谢上帝”这样的名字也比比皆是，以至于“抽烟”、“棍子”等名字也屡见不怪。如此看来，洪都拉斯真是一个轻松随意而有趣的国家。和这个国家相匹配的是一样轻松快乐的洪都拉斯咖啡。

洪都拉斯咖啡

轻松的黑色旋律

说起洪都拉斯咖啡，很多人都会感觉很陌生。这是一个什么样的国家？位置在哪里？国内情势如何？如果再提示一下，洪都拉斯给人们更多的印象竟然是这里是中美最不安分的地区之一，现在的政治局势还是很不稳定。如果非要联系一个著名代表，那就非洪都拉斯蓝洞（世界十大地质奇迹之一）莫属了。

咖啡？洪都拉斯也出产咖啡？但是，的的确确，洪都拉斯是出产咖啡的，并且咖啡的产量还很高，咖啡的质量也相当不错。洪都拉斯这个中美小国是玛雅文明的区域，境内有很多玛雅文明遗迹，这里有着优美的热带海滨风景，如果没有这么动荡

的局势，这里一定会成为旅游胜地；如果没有这么动荡的局势，这里的咖啡一定会更加出色。

洪都拉斯咖啡引自萨尔瓦多。起初咖啡生产处于不冷不热的状态，直到 1975 年巴西霜害。彼时巴西受灾严重，咖啡产量锐减，而洪都拉斯则趁机“上位”，咖啡产量从 50 万袋激增到 180 万袋，而且被哄抢一空。从那之后洪都拉斯的咖啡生产才算真正地发展起来。现在洪都拉斯咖啡出口量位居中美第二位（仅次于危地马拉），咖啡主要出口到美国和德国。

洪都拉斯咖啡没有十分鲜明的特点。整体味道较丰富极均衡是它最大的特征。中等或者较浅的酸度，给人的感觉明显但不强烈。有时候带有美好的花香或者水果香（一般来说不同地区，不同海拔产的豆子有不同的表现）。洪都拉斯咖啡味道整体均衡，酸和苦都不是那样强势，两者之间的平衡也很好。

高地咖啡已经成为精品咖啡的代名词，对于洪都拉斯而言，其高地咖啡更是其品质、形象，乃至是争取其在咖啡世界地位的法宝。

洪都拉斯高地咖啡豆颗粒外形较大，大小一致，颜色均匀有光泽。为了采收方便，农民们会将咖啡树修剪得不超过 150 厘米。由于咖啡豆的每颗果实的成熟期不同，要保持咖啡豆的良好品质就要用人工的办法进行采摘，然后再从中挑选出成熟的果实。同一枝条上的咖啡果往往需要采摘几个星期才能全部收成完毕。

洪都拉斯咖啡极均衡的特点使得它用途广泛。

既可以用来调配综合咖啡，也可以作为单品来冲泡，用洪都拉斯咖啡混合调配意式浓缩更会有令人惊讶的效果。

洪都拉斯出产两种质量非常不错的咖啡，备受咖啡爱好者的推崇。一种是生长在海拔1000—1500米高地的“高地咖啡”，一种是生长在海拔1500—2000米的特选高地咖啡。这种特选高地咖啡代表了洪都拉斯最高级别的咖啡，口碑非常好。

洪都拉斯咖啡具有丰富醇厚的口感，味道不涩不酸，醇度和香度都很高，相当具有个性。洪都拉斯咖啡可以随着烘焙程度的不同，引出多层次的风味。中度烘焙可以将豆子的甜味发挥到极致，而深度烘焙则使苦味增强，但甜味并不会消失。一般来说，中度烘焙口感最好，有丰富独特的香气，深受洪都拉斯咖啡爱好者的青睐。

洪都拉斯地理位置非常好，洪都拉斯国家位于中美洲北部，北临加勒比海，南濒太平洋的丰塞卡湾，东、南同尼加拉瓜和萨尔瓦多交界，全国境内多为山地和高原，热带的气候，温和的气温以及充足的降水都让洪都拉斯成为咖啡生长的理想之地。

洪都拉斯的高品质咖啡采用的是水洗法来处理咖啡豆，一般要先经过浸泡，在浸泡的时候，有缺陷的果实会浮出水面，就可以先流走丢弃。随后把好果实放到果实去皮机里，用机器的旋转力量剥去果皮。去皮的果实再经过机器的筛选，选出质量优异的果实。通常愈大的果实代表成熟度越好。洪都拉斯的咖啡采用的是日晒法进行烘干，所以它的口感中总是有一种淡淡的果香味道。

价值篇

JIAZHI PIAN

作为南美洲第四大咖啡出口国，咖啡出口目前已成为洪都拉斯最重要的农业经济收入之一。

洪都拉斯咖啡的市价并不算低廉，不过20世纪初期洪都拉斯的咖啡价格却曾经呈现一派低迷之状。

据统计，1999—2000 年度，洪都拉斯出口咖啡 370 万袋，外汇收入 3.38 亿美元，2000—2001 年度，洪都拉斯出口降至 250 万袋咖啡，比上年度减少 32.4%。2002 年度咖啡出口收入为已经降到 2 亿美元。

2000 到 2002 年期间，洪都拉斯咖啡出口量呈下降趋势，主要原因是国际市场咖啡价格下跌和咖啡种植者缺少资金。

最近几年，洪都拉斯的咖啡生产日趋稳定，进一步巩固了其生产高品质阿拉比卡咖啡豆的五大拉美出口国之一的地位。根据洪都拉斯咖啡协会（Ihcafe）统计，约有 10 万户洪都拉斯家庭依靠种植咖啡维生，咖啡产业直接或间接养活了全国 780 万居民的十分之一，并且雇用了农村劳动力的 25%。但是，不稳定的政局成了洪都拉斯咖啡生产的制约因素。

制约咖啡产业的另一因素是咖啡的收益分配不均。咖啡收购商与咖啡农收益的悬殊差距，严重打

洪都拉斯咖啡档案

风味：口感香醇顺滑，略带酸味和苦味。

烘焙建议：中度至深度的烘焙。

咖啡豆大小：★★★★

咖啡酸度值：★★★

口感均衡度：★★★★

击了咖啡农的生产积极性。此外，咖啡叶锈病对洪都拉斯咖啡是一个很大的危害，尤其是在该国东部，叶锈病更为严重，而用于治疗这种疾病的药物喷剂则对提高咖啡产量起到了很大的抑制作用。洪都拉斯所有咖啡都由个体运输商发货出口，大都出口至美国和德国。

低迷的咖啡种植业也严重打击了洪都拉斯咖啡在国际上的市场，但是尽管如此，洪都拉斯依然被称为“南美咖啡最有潜力的发展基地”。

作为中美洲咖啡种植大国，全国 18 个省份中有 15 个拥有咖啡种植园，超过 10 万个咖啡种植商为该国创造了近百万个就业机会。相信假以时日，洪都拉斯咖啡一定会不负众望，为自己在国际市场上重新赢得一席之位。

特选高地咖啡

洪都拉斯特选高地咖啡是洪都拉斯国宝级咖啡饮品，以产量低、售价高、风味均衡、香气浓郁著称。该咖啡因生长在海拔 1500 米以上的高地上而得名，既可单独饮用，也可与其他饮品混合饮用。

像其他地方一样，高海拔种植区为咖啡生长提供了充足的阳光、水分和必要的温差条件，而在这一点上，山地较多且肥沃的洪都拉斯明显要比周边的危地马拉和尼加拉瓜优越得多。对世界各地的咖啡迷而言，特选高地咖啡拥有着独特的个性魅力，较低的酸度和焦糖的甘甜味是其主要特征。在充分发挥咖啡豆特点的基础上，可根据个人喜好，进行中度或深度烘焙。

作为加勒比海上的一个岛国，海地是目前世界上最贫困的国家之一。经济以农业为主，基础设施建设非常落后。动荡的局势，贫苦的经济，但就是在这样的情况下，海地太子港咖啡显得尤为让人难忘。那些了解它的人，亲昵地称之为乱世中难得的一抹飘香。

海地咖啡

绝妙的蓝山伴侣

尽管海地多灾多难，一直处于战乱和贫穷之中，是世界上物质最为匮乏的国家之一，但这些却依然无法阻止这个国家拥有大自然的恩赐。占据着伊斯帕纽拉岛西部2/3面积的海地，最大的出口产品便是咖啡。

大多数人对海地的印象，以往就仅是海地咖啡，后来才知道还分类为“太子港咖啡”及“蓝色海地咖啡”等。这个岛屿在法国殖民时期，就有大量黑奴种植咖啡。直至独立后的今天，它仍是供应欧美咖啡的最主要产地之一。

被殖民期间，海地还同时大量种植甘蔗和烟草，18世纪时提供了欧洲市场上40%的蔗糖和60%的咖啡，也因此把整个岛屿的地形、地质都改变了。

想象一下，在湿润的平原上，甘蔗丛随海风倾向一边摇晃，高山斜坡上都是绿油油的咖啡树及其

间闪烁着亮红的果实；干燥的小丘陵种植着可取靛蓝的蓝草，往下走去则是像雪般的棉花笼罩在绿色的枝叶上。多么富饶的景象啊！

这些农作物，从来就不能喂饱整个岛屿海地人的肠胃。当地球上某部分人在奢享咖啡与烟草的醇香时，海地人却无法以它们换取温饱。独立后的海地，土地上种植的仍是咖啡与烟草，但并没有因此而改变自己贫乏的命运，国人甚至得吃由泥土和盐、油掺和成的油饼。

据史料记载，1725 年，海地在北部地区开始正式种植咖啡。相传，在殖民时代，海上刮起风暴，一艘法国“太子”号轮船驶进海地港口后平安无事，后来人们便以这艘轮船的名字命名这个港口为“太子港”。这里本是印第安人居地，1492 年哥伦布发现海地岛后，西班牙人蜂拥而至，并从非洲运来黑人充当奴隶。1697 年落入法国人之手。太子港始建于 1749 年，1770 年取代海地角成为法属圣多明各殖民地首府。加勒比海的这群岛屿过去是咖啡的重要产地。1789 年，500 公顷土地上的 100 多万棵咖啡树产量达 4000 吨，而今天，只有 150 公顷的土地用于种植咖啡。

直到 1804 年，海地宣布独立，太子港成为首都。这里的居民大部分是黑人和黑白混血人，多信奉天主教、基督教和伏都教，官方语言为法语和克里奥尔语，以咖啡种植为主的经济模式也开始世代相传了。

也许并不能悠闲地享用咖啡，也无法在一定时期内形成自己的咖啡文化，但不用怀疑的是，对海地人而言，咖啡一直享受着非凡的待遇，不论是用于换取金钱，还是用来安抚自己的灵魂。

海地咖啡虽然没有十分出众的味道特点，但却相当均衡浓郁，口感温和。海地咖啡生产受限于经济和政治环境，故大多品级不高。

但凡事都有例外，海地咖啡中也有少量的高级品，这些咖啡被精心种植在高山地带，而后被精致加工。这样的咖啡大多数被称为“SHG 咖啡”（意思是在海拔 1600 米以上地带种植的咖啡），也有的叫作“太子港咖啡”、“蓝色海地咖啡”。

这些高级品具有美好的酸度和丰富的口感，温和顺滑的感觉让人联想不到动乱的海地，反而有天堂之物的美好感觉。这些都是咖啡市场上的名品，价格不菲。

海地咖啡颗粒饱满，风味浓郁，酸度由中到低，口感比较温和。在日本，海地咖啡常常被掺入牙买加蓝山咖啡中，从而使蓝山咖啡味道更加浓郁，被称为蓝山的好伴侣。

“海地”一词在印第安语中是“多山之国”的意思。同这个名字一样，海地位于加勒比海中的伊

海地太子港咖啡档案

风味：温柔顺滑，酸度可口。
烘焙建议：中度烘焙。
咖啡豆大小：★★★
咖啡酸度值：★★★
口感均衡度：★★★★★

斯帕尼奥拉岛西部，与多米尼加共同占有这个加勒比海中的第二大岛。当地风景秀美，属于多岩石岛屿的海盗岛更是历史上非常著名的海盗基地，也是世界著名的旅游胜地，是全世界旅游者都梦想的旅游天堂。海地全境75%为山地，高低起伏的地势使得气候多样，优越的自然条件，成了海地咖啡优秀品质的前提条件。

海地生产的大部分咖啡是在纯天然的状态下生长的，这并非有意而是物质短缺的结果，其原因是，种植咖啡的农民们太穷买不起杀菌剂、除虫剂和化肥。这样反而使得海地生产的咖啡最具自然性，无任何的污染。

海地生产的咖啡100%是阿拉比卡种，而且90%左右是铁毕卡（Typica）。产地的海拔及微型气候因素也影响着咖啡风味，正确采收及处理的上等海地咖啡可以展现出坚果甜、柑橘酸以及黑巧克力、花生等风味。即使是同一座山，不同海拔的咖啡豆也展现出不同的风味。

咖啡是海地最主要的出口产品。虽然海地的政治与经济环境存在着很多不稳定的因素，但是海地的咖啡树却一直相对稳定地生长着。

动乱的环境严重制约了海地咖啡的发展，但由于其生产咖啡的历史传统、自然环境以及高品质等有利的因素，使得海地咖啡依旧是国际市场上的抢手货。

海地主要的咖啡种植区是该国的北部，太子港便是其中之一。太子港曾三次遭受地震、飓风和战火破坏，发展缓慢。城市的建筑为圆梯形，由低处向山坡上伸展。城市街道狭窄，港口商业区街呈拱式，通往东面广阔练兵场的道路曲折迂回。

现在海地太子港成为海地咖啡的重要出产地，每年大约生产并出口 60 万袋咖啡。不过遗憾的是，即使在最后精选阶段，海地也不区分每座农场的咖啡豆质量上的差距。一般海地咖啡主要出口给以法国为首的欧洲国家，用于制作调和咖啡。

近年来，海地的咖啡生产呈现出削减的趋势。因为贫穷，甚至于基本的温饱都不能得到保障，所以人们不得不开始从种植经济作物向农作物转变。而海地周围的古巴、多米尼加、波多黎各、牙买加，每一个都是咖啡世界中响当当的名字，海地的气候环境与这些地方较为接近，使得其咖啡品质颇高，但售价更低，这也保证了海地咖啡在国际市场上总是处于供不应求的地位。若这个乱世中的咖啡生产地能够得到足够稳定的环境，海地咖啡还是值得人们等待和期许的。

蓝色海地咖啡

蓝色海地咖啡是海地咖啡的第一精品，也是海地咖啡的骄傲。蓝色海地咖啡的生产区域位于加勒比海山区地带，这片于 1995 年开始种植阿拉比卡种咖啡的地区被海地咖啡农静心保护，即使是在最艰难动乱的时期，这片地区依旧被完好地保存。

咖啡农利用树荫来种植咖啡树，这和大多数顶级咖啡的生产模式一样，同时采用水洗法进行加工处理，形成了一种特色咖啡豆。这种咖啡豆属于纯天然产品，得到了有机协会的认证。其口感温和，香气浓郁，是不可多得的咖啡珍品。

作为法国外属地，瓜德罗普岛首先闻名于世界的是海盗，这片离法国本土约 7000 千米的海外领土让人对法国生起无限的遐思……适于梦幻旅行的地方，沙滩、阳光、椰子树是那么和谐地融合在一起。当然也少不了温暖的瓜德罗普岛咖啡。

瓜德罗普岛咖啡

纯净的味蕾印象

或许有人会质疑：这样一个没有名气的陌生小岛也会有咖啡，而且还是世界知名品牌的高品质咖啡？就是这样一个不为人所熟悉的小岛，不仅产咖啡，而且还在咖啡业界留下了其他地区至今难以匹敌的美名。但相较于其他的咖啡生产国来说，瓜德罗普岛的咖啡产量实在是不值一提。但这并不碍事，因为岛虽小，咖啡历史却十分悠久，甚至可以毫不夸张各地说它也有曾经繁荣的过去。

说起瓜德罗普岛很多人都摇头。这个听起来如此陌生的小岛地理位置在哪里？如果真产咖啡，名字怎会如此陌生？但是，如果某人身边正好有喜欢法国国家足球队的铁杆球迷，也许会对这个名字略知一二。但对更为大多数的人来说，这个小岛，或者是这里的咖啡至今仍然是一个非常陌生，亟须了解的地方。

瓜德罗普岛其实是法国的一个海外省，位于加勒比海小安的列斯群岛中部。无论是气候条件还是风景，瓜德罗普都是不比其他旅游胜地差的岛屿，是一个可以尽情度假休闲的秀丽场所。在瓜德罗普不仅可以尽情从事水上运动、远洋捕鱼、深海潜水，还可以在岛上峡谷攀岩，同时可以参观博物馆、蒸馏厂，或者参加一位业主举办的节庆，以便更好地感受该地的氛围与文化气息。当然，还能品尝这里产量很小但品质很好的瓜德罗普特有咖啡。

瓜德罗普岛的咖啡引自马提尼克岛——一个在咖啡传播历史上不能忽略的地方。这主要得益于岛上种植的优良的咖啡品种和优越的海岛气候，咖啡确实曾在这个小岛迅速地生根发芽。18 世纪 90 年代左右，瓜德罗普岛上的咖啡种植业几乎盛极一时，种植面积高达几百公顷，所产咖啡不乏品质优异的咖啡精品。

盛极一时的咖啡为何至今却不被人知？这样屡见不鲜的疑问其实也正是瓜德罗普岛历史上永不能平的遗憾。每一个知道瓜德罗普岛咖啡的人都曾发自内心地感叹过：倘若能够一直这样发展下去，那么瓜德罗普岛的咖啡至少不会像今天这样默默无闻，说不定会有更多的追随者。但一声叹息无法改变即成历史，该来的还是要来。

当初声名鹊起的瓜德罗普岛咖啡在 1996 年不幸遭遇了爱尼斯飓风。这次飓风给这里的咖啡生产造成了毁灭性的伤害，咖啡种植业遭到了巨大的打击，岛上甘蔗、香蕉等相对效益更高的经济作物的种植又使得岛上的咖啡种植面积越来越少，直至下降到一百多公顷。

尽管瓜德罗普岛的咖啡销量不错，但与香蕉和甘蔗种植相比，咖啡种植所需的工时更多，而且更需要资金，于是为了生计所需，原来的咖啡农们也纷纷放弃咖啡种植，转行到城市里打工以改善不堪一击的生活。如此种种造成了现在人们不愿却不得不接受的结局：过去瓜德罗普岛是咖啡最好的产地，但现在却已不再出口咖啡。瓜德罗普岛的博尼菲尔曾被定为是该地质量最好的咖啡，但现在这也只是一个咖啡史上曾引以为荣的名字罢了。

现在想要品尝一杯原汁原味的瓜德罗普岛咖啡，可谓是难上加难了。很多人都期待瓜德罗普岛咖啡重振雄风，不过等待它复苏是需要时间和耐心的。如今咖啡已经在全世界流行，越来越多的咖啡

瓜德罗普岛咖啡档案

KAFEI DA

风味：口感顺滑香醇，甜中带苦，香气浓郁。
烘焙建议：中度烘焙。

咖啡豆大小：★★★
咖啡酸度值：★★★
口感均衡度：★★★★

种植者也是咖啡受到重视的标志之一。虽然现在瓜德罗普岛的咖啡业还远不如以前繁荣，不过“有好底子就不怕没有好果子”，相信如果假以时日，这个小岛的咖啡也许可以重新再现昔日的辉煌，让期待瓜德罗普岛咖啡的人得偿夙愿。

瓜德罗普地处法属加勒比海地区的中央，它的海滩在这个地区首屈一指，但是这个群岛与其他岛屿的真正不同之处是它的自然财富，尤其是它极具贵族气质的咖啡。

瓜德罗普岛咖啡拥有着无可挑剔的口感，但由于种种原因，现已成为了“没落的贵族”。这种没落仅仅体现在其日渐萎缩的咖啡种植规模和产量，但是其品质和声望从未降低过。

瓜德罗普岛最具声望的咖啡当属“蓝色蝴蝶”和“瓦尼贝尔种植园咖啡”，“蓝色蝴蝶”属于珍贵的铁毕卡咖啡种，与云南地区的高品质小粒咖啡相同。这两款咖啡均以“产量稀少，纯天然种植，口感香醇”著称。甚至被咖啡专家誉为是“比牙买加蓝山咖啡更珍稀、高贵的咖啡品种”。

自然条件和人文条件是瓜德罗普岛咖啡品质的保证，它们合力向全世界咖啡迷展现了高品质、稀缺产量的咖啡精品。

瓜德罗普群岛主要由几个岛屿组成：拉代西拉德岛、桑特群岛、玛丽－加朗特岛、圣巴泰勒米岛、圣马丁岛、巴斯特尔岛和格朗特尔岛，组成了一个蝴蝶形状。群岛东濒大西洋，惊涛拍岸，西临加勒比海，风平浪静。这里的海水温度变化不大，每年 2 月份是 25 摄氏度，12 月份是 29 摄氏度。如此优越的气候条件，成就了瓜德罗普岛优质的咖啡豆。

与此同时，“多山地、多火山”成了咖啡种植的又一利好因素，喷发的火山灰带来了肥沃的土壤，而茂密的森林让这里的咖啡得到了更天然、更阴凉的生长环境。

此外，近 300 年的咖啡种植历史，也保证了瓜德罗普岛咖啡在生产、加工过程中的卓越品质。

如今的瓜德罗普岛，咖啡只在国家的经济生活中占到很小的比重，繁荣的咖啡生产真可谓凋敝。

过去瓜德罗普岛是咖啡最好的产地，但现在已不出口咖啡了。这是由于良好的咖啡生产遭到自然灾害的影响。1789 年，在瓜德罗普岛 500 公顷土地上的 100 多万棵咖啡树产量达 4000 吨，而今天，只有 150 公顷的土地用于种植咖啡。

下降的原因可归于甘蔗和香蕉产量的增加和 1996 年爱尼斯飓风对咖啡树的破坏。政治原因包括 1962—1965 年进行的土地重新分配，这造成了咖啡生产的巨大损失。与香蕉和甘蔗种植相比，咖啡种植所需的工时更多，而且更需要资金。

现在也有少部分瓜德罗普岛的居民在试图重新种植瓜德罗普岛咖啡，并已小有成效，也许在不久后的将来，瓜德罗普岛的咖啡又会重新欣欣向荣起来，再次走进人们的视野，毕竟，好的咖啡是永远不会嫌来得晚的。

瓦尼贝尔种植园咖啡

瓦尼贝尔种植园咖啡是瓜德罗普岛最纯正、最尊贵的庄园咖啡。庄园主是 60 多岁的维克托·纳尔逊，他生于瓜德罗普岛，带领全家种植着面积有 28 公顷的咖啡、香子兰、香蕉和柑橘。其中咖啡是庄园里最重要的经济作物。

瓦尼贝尔种植园咖啡属于阿拉比卡种。作为一种优质小粒咖啡，瓦尼贝尔庄园的土地使这里的咖啡更具有个性特点，成为世界上最好的咖啡之一。咖啡种植区位于火山地区，并且在被称为“背风”的地方种植，从而满足了种植精品咖啡所需要的各种条件。

值得一提的是，这种庄园咖啡采用纯天然方式种植和生产，经由传统工艺加工，其口感香醇，甜中带苦，香气浓郁，并且表现出出色的均衡度。

提起坦桑尼亚，或许会有很多人摇头表示陌生，但若提起乞力马扎罗山——非洲最高的山峰，恐怕人人皆知。在这片素有“非洲屋脊”之称的地方，坦桑尼亚咖啡以其浓郁爽口的特点成了让人难忘的非洲味道的代表。

坦桑尼亚咖啡

乞力马扎罗的狂野味道

印度洋西岸的坦桑尼亚是个美丽的国度，历史悠久，民风淳朴。20世纪60年代以来，中国和坦桑尼亚结下了深厚的友谊，著名的坦赞铁路就是见证之一。在斯瓦希里语中，乞力马扎罗山意为“闪闪发光的山”，如果非要在此对比形容下咖啡，那么坦桑尼亚咖啡可以说是这闪闪发光的山下最耀眼的一颗星，因为这座披拂着盛誉的高山所在地正是坦桑尼亚的咖啡、大麦、小麦和蔗糖的主要产区之一。

乞力马扎罗山在坦桑尼亚人心中无比神圣，很多部族每年都要在山脚下举行传统的祭祀活动，拜山神，求平安。而在很多人眼里，坦桑尼亚咖啡在全世界的咖啡爱好者中也无比神圣，它就像是一位得体的绅士，永远彬彬有礼地等待着世界对自己的

发现，一旦被世人注意到，就散发出不可抗拒的野性，征服来者。

19 世纪末期，当有人将坦桑尼亚圆豆咖啡介绍到欧洲之后，“坦桑尼亚圆豆”便开始备受各界关注。“圆豆”在坦桑尼亚的产量高于一般咖啡。在国际市场上，带有“坦桑尼亚圆豆”字样的产品要多于带有“乞力马扎罗”字样的产品。

乞力马扎罗山位于梅鲁山南坡的摩西和阿勒夏地区，是坦桑尼亚咖啡豆主要产区，出产大量优质咖啡豆。此地拥有丰富火山土壤，种植在此的咖啡树有些已超过 100 年。最早种植在乞力马扎罗山的咖啡是由基督徒从肯尼亚引进，当时的咖啡种植者对咖啡树进行非常小心地照顾，除去清除杂草及施肥的工作，还必须剪去老树枝以便能再长出新枝来维护咖啡豆的质量。85%的坦桑尼亚咖啡都是在小型农场里种植的。这些地区生产的咖啡，在国际市场上销售时，商标通常为“乞力马扎罗的骄傲”、“乞力马扎罗之巅”、“坦桑尼亚摩西”或“坦桑尼亚阿勒夏”之名。坦桑尼亚咖啡是坦桑尼亚经济的重要命脉，当地政府相当重视这个产业，大概 17%的外汇

是由咖啡创造的。经由火山灰孕育，大自然成就的咖啡中带着独特的可可亚果香，有强烈的甘醇度。

坦桑尼亚历史悠久，是非洲古国之一。坦桑尼亚的咖啡引种始于17世纪，种植园的开垦以及大规模的咖啡贸易则始于19世纪末和20世纪初的德英殖民地时期，并深得欧洲人的喜爱，并借此得以跻身于名品之列。咖啡是坦桑主要传统出口商品之一。近年来，该国咖啡出口量一直在8000万美元以上。现在是继贵金属和宝石之后的第二位出口商品，占该国出口总值的12%左右。

坦桑尼亚出口的咖啡以生咖啡为主，批量大，质量较好，在国际市场有一定声誉。出口对象以英国、德国、日本、意大利、比利时、西班牙等国为主。而使坦桑尼亚咖啡更加出名的最有利的因素则是海明威和他的小说。乞力马扎罗山因海明威的小说而扬名，从海明威旅法踏上作家之路时起，他就和坦桑尼亚浑然连为一体。因此，在海明威成名之后，坦桑尼亚咖啡也随之声名鹊起。

坦桑尼亚的咖啡，很早就深得欧洲人的喜爱，并跻身于名品的行列中。欧洲人赋予坦桑尼亚咖啡“咖啡绅士”的别名，咖啡鉴赏家更是将它与“咖啡之王”蓝山、“咖啡贵夫人”摩卡并称为“咖啡三剑客”。

坦桑尼亚的乞力马扎罗山海拔高达5895米，与梅鲁山相连，是非洲大陆的最高峰，地球上唯一一座位于赤道线上的雪峰，也是坦桑尼亚咖啡的主要生产基地。肥沃的火山灰赐予了这里的咖啡浓厚的质感和柔和的酸度，有着典型的非洲咖啡豆的特色。乞力马扎罗AA是最高等级的豆子，颗粒饱满，风味纯正，浓郁爽口，各方面的品质均为上等。中度或中度以上的烘焙后有着浓厚的香气。通常它的酸性要比肯尼亚咖啡温和，并且均匀地刺激舌头后部中间和两侧的味蕾，有点像番茄或汽水的酸味，磨成粉后经由沸水冲泡，香气四溢，适合做单品或冰咖啡使用。

坦桑尼亚圆豆则属于中东非水洗（湿法处理）咖啡豆，其特点是酸度明亮，风味狂野激励。圆豆通常会被单独挑选出来，以更高的价格出售，但是其杯中表现常常不尽如人意，使人感觉物非所值。坦桑尼亚园豆作为一种新款咖啡豆，在美国的销售良好，所以许多烘焙者也都接受了这一现实。的确，坦桑尼亚咖啡十分具有潜力，但是由于漫长的运输过程常常使其错失最佳风味的表现期。因为坦桑尼亚的咖啡种植业并没有像肯尼亚那样完善的基础设施，所以很有可能咖啡豆在运输船到港的路途中，在集装箱中就已经成了陈豆，完全丧失了风味。

坦桑尼亚人至今还保持着很多咖啡传统，很多时候他们收集咖啡树下熟透的跌落的果子，这让咖啡的品质多少会有些受损。他们一直采用日晒法处理咖啡豆，很少采用水洗法，这让咖啡豆吸收了果肉的芳香物质，果香味较重，咖啡香味也因此很有特点，夹杂着葡萄酒和水果的香气，散发出细腻的芬芳，令人品尝过后回味无穷。

以坦桑尼亚咖啡为基础咖啡，用白兰地加以调制的皇室咖啡更是拿破仑本人极其欣赏的咖啡。白兰地的清香与坦桑尼亚咖啡的浓郁，混合方糖的香甜，白兰地与咖啡慢慢地融合，火与水的有机协调，咖啡美酒和方糖浪漫的交融，醇美柔和，最后溶进舌尖的是最醇美的口感，也是坦桑尼亚咖啡极具高贵气派的典型描述。

品质篇
PINZHI PIAN

坦桑尼亚咖啡产自土壤丰沃的东非大裂谷，是来自这一地区的优质咖啡的杰出代表。其清爽的酸度和中等的醇度与甜柑橘和花香味相得益彰。这款咖啡无论是热饮或制作冰咖啡口感都极佳。搭配橙子或莓果，更能彰显其明快的风味。

作为一款极品咖啡，坦桑尼亚咖啡酸度柔和，芳香诱人，口感极佳。清爽的酸度与中等的醇度相得益彰，风味狂野。说其狂野完全在它的初与人相识时的内敛，仿佛一位绅士，彬彬有礼地等你走近它，礼貌地与它搭讪，这时候它还没有散发出更多的香味，人们也感觉不到它的特别。但是一旦熟悉，将它放在鼻端与舌尖，才感觉到咖啡的表面散发出的一些矜持的香味，这种香味的变化与国人热

Kaffee

爱的岩茶和铁观音香味稍有类似。

小心翼翼地吸一口坦桑尼亚咖啡入胃，恐怕一时找不到更多的词语来形容那种感觉，除了两个字：完美。与蓝山咖啡相比，坦桑尼亚咖啡的味道在苦和涩方面有所加强，蓝山的那一点点轻浮在表面的酸，也从此沉浸下去，整体感觉更柔和、更平衡、更浓郁、更完美。外形不是特别好的坦桑尼亚咖啡，味道却非常好。事实证明：内在的东西永远是最重要的品质。

坦桑尼亚咖啡中的圆豆咖啡产量甚多，采收后通常以震动式自动机器筛选出外表圆形的小豆果，并且以较高售价卖至国际精品咖啡市场，广受北美与欧洲买家欢迎。豆果因为外形以及内部密度缘故，烘焙时升温较平豆迅速，因此烘焙时火候掌握功夫相对较重要，适合浅度乃至中度烘焙。

较轻烘焙程度之下的坦桑尼亚咖啡味道芳香爽口，风味近似肯尼亚咖啡，味道较为明亮突出，带有甜味，适合单品享用，直接品尝其本身的天然芳香。深度烘焙之下的坦桑尼亚咖啡酸性递减至极弱，甜味较为突出，是用以调配意式浓缩咖啡的最

1847 年的银质咖啡具

佳选择。坦桑尼亚咖啡拥有较一般咖啡豆更突出的香味，独特细致的丰富口感，核果及巧克力香中融合着浓郁水果香气，变化无穷，值得品尝。

咖啡爱好者们普遍认为坦桑尼亚咖啡有纯正的摩卡风味，被认为是性价比很高的咖啡。

坦桑尼亚的咖啡出口在整个国民经济中占有主要位置。过去，坦桑尼亚咖啡业一直是庄园种植占主导位置，而现在 85% 以上是由小耕农种植。许多小耕农组成合作组织，其中最主要的合作组织是乞力马扎罗合作联盟。

作为坦桑尼亚传统的出口作物之一，咖啡生长于坦桑尼亚全国各地，近 20 年来全国的咖啡种植

坦桑尼亚咖啡档案

KAFEI DA

风味：口感浓郁爽口，酸度低于肯尼亚咖啡，风味纯正，香气四溢。

烘焙建议：中度烘焙。

咖啡豆大小：★★★★★

咖啡酸度值：★★★

口感均衡度：★★★★

面积增加了一倍多，但令人遗憾的是，咖啡的年产量始终徘徊在5万吨左右。而造成产量难以提高的主要原因则是树龄老化、投入减少、病害增加、生产成本增加及市场回报低等。

坦桑尼亚咖啡从品种上分为阿拉比卡和罗布斯塔两类。其中罗布斯塔咖啡颗粒较硬，脂肪含量也较高，产于气温较低的湿润地区。坦桑尼亚咖啡以阿拉比卡咖啡为主，主要的出口品种是采摘下来经过干燥和筛选的生咖啡。咖啡以颗粒的成熟程度和完整程度分为AA级、A级等级别。每一级别中又因具体特点不同而有价格差别。其中AA级和A级咖啡颗粒饱满而又完整，可以在焙烤之后装袋直接供应消费者。其他等级的生咖啡只能用于加工咖啡粉和速溶咖啡。

坦桑尼亚的大宗咖啡交易以每年数次的咖啡拍卖为主。一般购买者可以参加标买，也可从其他咖啡商那里购买。但是由于政局不稳，加之病虫害猖獗，坦桑尼亚咖啡业遭到破坏，导致咖啡整体程度降落和质量的不稳固，这些问题又导致价钱的下降，而价钱下降的结果通常就是使得咖啡业进一步滑坡。

值得一提的是，由于前几年坦桑尼亚北部种植的12%以上的阿拉伯咖啡都走私到邻国，剩余的大部分咖啡则以拍卖的形式卖给坦桑尼亚咖啡经营委员会，再经由委员会出售给私人出口商，因此价格层层递增。现在这种情形已有所转变，坦桑尼亚的咖啡业正在进行改造，以便个人或集团购置咖啡，到时候咖啡还要按不同的方法区分等级，以便吸引来自德国、芬兰、荷兰、比利时和日本的购置者。

令人欣慰的是，坦桑尼亚咖啡如今已经有了好转的迹象。虽然这种好转的过程是迟缓的，但仍然令人欢欣鼓舞，因为毕竟坦桑尼亚的咖啡质量是上乘的，只要有质量、有产量，广大的咖啡爱好者是愿意付出时间与耐心予以等待与包容的。

阿弗里咖啡

稀世珍品
XISHIZHENPIN

来自坦桑尼亚的阿弗里咖啡（Africafe）是坦桑尼亚知名的咖啡品牌，该咖啡的品种属于黑咖啡，为坦桑尼亚 AA 咖啡豆最顶尖代表之一。

阿弗里咖啡是由高品质的阿拉比卡和罗布斯塔咖啡豆精制而成，使用经由火山灰孕育、大自然成就的豆种，所以咖啡中带有独特的可可亚果香，有强烈的甘醇度。

阿弗里咖啡味道浓厚，香气浓郁，饮用爽口，令人难忘。自然生长的香蕉树和豆科植物之间的熏陶，为阿弗里咖啡的种植提供了最佳条件，所以它也凭借真正优异的质量和纯度，成为国际知名的速溶咖啡品牌，在欧洲和日本市场广受大众欢迎。

对于“美女之国”埃塞俄比亚来说，除了热辣的阳光，性感的美女之外还有一件更为炫目的物品，那就是闻名世界的黑珍珠：埃塞俄比亚咖啡。

埃塞俄比亚咖啡

回味无穷的黑珍珠

作为咖啡的发源地和故乡，埃塞俄比亚的咖啡历史可谓悠久，土生土长的咖啡自然质量上乘，所以，品尝埃塞俄比亚咖啡算得上是一项极奢侈的享受。位于东非的埃塞俄比亚在古希腊语中意思为“被太阳晒黑的人民居住的土地”。埃塞俄比亚独特的文化传统、壮观的风景、宜人的气候、丰富的动植物资源、重要的名胜古迹、好客和友好的人民以及一流的咖啡，使它成为非洲的主要旅游目的地之一。

1200年前，埃塞俄比亚一个牧羊少年的偶然发现，为人类饮品增加了一个新的种类：咖啡。你可以不知道埃塞俄比亚咖啡，但不能不记住：埃塞俄比亚是世界上第一个发现咖啡的地方，埃塞俄比亚

天鹅咖啡馆是无产阶级革命导师马克思和恩格斯当年曾经工作过的地方，位于布鲁塞尔市中心大广场一侧，与著名的市政厅相邻。咖啡馆是一幢5层的楼房，因门上饰有一只振翅欲飞的白天鹅而得名。它也是最早开始销售埃塞俄比亚咖啡的欧洲知名咖啡馆之一。

人则是最早发现咖啡的民族。

说起这段世界咖啡与埃塞俄比亚咖啡的历史，必然要回到公元9世纪，850年的某个晴朗的下午，一名来自卡法地区的牧羊少年正在百无聊赖地放羊，如果不是那个意外发现，这一天下午将和其他以前和以后无数个下午一样，静悄悄地流逝而去。但上帝有意在这一天为人类放下一个奇迹，于是少年突然发现刚才还静静吃草的羊忽然间开始欢蹦乱跳。他很好奇，最后发现导致羊兴奋起来的是一种灌木上的红色果实。

好奇的少年忍不住也摘下果实尝了尝，他惊讶地发现，自己也和那只奇怪的羊一样兴奋到不能自已。惊喜之下，他把红果子的秘密告诉了第一个人，然后第二个人，第三个人……从此，红果子的食用逐渐流行。由于它来自卡法，人们自然而然地为它取名“卡法”。时光流逝，很多年过去，当人们已经将“卡法”作为日常最常见的饮食用品时，才正式以“Coffee”即“咖啡”的称呼为之命名。

埃塞俄比亚人利用咖啡的方式，最早期是将整颗果实咀嚼，以吸取其汁液，其后将磨碎的咖啡豆与动物脂肪混合，制成叫“粑纳克拉”（Bunakela）的食品作为长途旅行的体力补充剂。在公元1000年左右，发展到将绿色的咖啡豆放在滚水中煮沸成芳香饮料。约在公元14世纪，才逐步发展成现在加糖或加奶的多种饮法。由于禁酒，也使得咖啡很早就迅速在笃信宗教的阿拉伯世界广泛流行。现今埃塞俄比亚人不论贫富，每天都会饮用咖啡2到3次，婚丧嫁娶、添丁添畜、节日庆典等各色传统仪式中都可以发现咖啡文化的深刻影响。宴宾会友、社交生意中咖啡更是少不了的润滑剂。

埃塞俄比亚是最早的咖啡出口国，1810年就有出口咖啡的文字记载。早在1500年，在埃塞俄比亚商贸重镇“哈尔日耳”（Harar），咖啡就是一种重要的商品。随后，1554年在土耳其西北部港市伊斯坦布尔、1645年在意大利港市威尼斯、1652年在英国伦敦、法国马赛、1663年在荷兰阿姆斯特丹和海牙、1675年在法国巴黎、1679年在德国汉堡、1694年在德国莱比锡、1712年在德国斯图加特、1863年在奥地利维也纳先后出现咖啡厅，咖啡在欧洲日渐风行。

关于咖啡，埃塞俄比亚还有个有趣的咖啡风俗。埃塞俄比亚共有62个民族，其中卡拉族男女结婚时，新郎到新娘家时必须先亲吻新娘父母的脚，然后新人接受来自乡亲的祝福。而这“祝福”不是别的，正是咖啡。之所以定下这样的规矩，是因为当地人认为，种植咖啡树，采收咖啡，就像培育灵魂、收获梦想一样。在非洲大陆，埃塞俄比亚也是咖啡消费量最高的国家。

收藏于维多利亚博物馆的绘制中国古代人物的咖啡壶

埃塞尔比亚咖啡在咖啡世界里享有极高的声誉，这一声誉不仅仅体现在其悠久的咖啡历史，深厚的咖啡文化上，还在于埃塞尔比亚人对待咖啡的态度，以及数位“咖啡明星”的突出表现上。

埃塞俄比亚哈拉尔地区拥有世界上最好的阿拉伯纯种马，当地人在划分咖啡登记时，坚决执行“优质咖啡应像纯种马一样纯”的原则。由于恪守这一理念，哈拉尔一直是扬名世界的优质咖啡。它浓郁的阿拉伯风味，干香（未经冲泡的咖啡香气）中略带着葡萄酒的酸香，醇度适宜，具有强烈的纯质感，并带有奇妙的黑巧克力余味。今天，我们依然能在哈拉尔咖啡豆的包装袋上看到马匹的照片。这一传统包装从过去一直保留到现在，使人一见就可以揣摩出其尊贵的身价。

埃塞俄比亚咖啡香气既不强烈也不刺激，准确描述实非易事，或者说它更像肯尼亚咖啡那样酸味十足。不过，最好不要对埃塞俄比亚咖啡进行深度烘焙，因为这样会使咖啡豆失去它固有的特性。但即使埃塞俄比亚咖啡具有这样的缺点，由于它独有的魅力，咖啡爱好者仍然给予它高度评价。

埃塞俄比亚咖啡种类很多，如埃塞俄比亚哈拉、埃塞俄比亚摩卡、阿比悉尼亚摩卡、哈拉摩卡、哈拉长果等。其中“哈拉长果”香味浓烈，有酒味，很容易让人联想起黑加仑。

埃塞俄比亚咖啡的尊贵地位还通过它对埃塞俄比亚人的影响来体现。埃塞俄比亚人继承了祖先的传统，将咖啡完全融入了日常生活。基本上没有不喝咖啡的埃塞俄比亚人。一天至少3杯是无须刻意注意的，早餐后、上午10点和下午3点，就像欧洲人喝上午茶、下午茶，埃塞俄比亚人脑子里有一个咖啡闹钟，提醒着喝咖啡是每日雷打不动的日程。除了一天之中会有两至三次的咖啡饮用时间之外，形形色色的饮用礼节或仪式也表明了咖啡在埃塞俄比亚人心目中的重要地位。

对于一些上流人士而言，享用埃塞俄比亚咖啡需要准备一些特制的金属架，上面排列好几十个洁白小巧的咖啡杯。咖啡煮好以后，将咖啡壶举起，在距咖啡杯近30厘米高的地方，准确地将咖啡倒进杯中，连续多次将几十个杯子一一装满。埃塞俄比亚咖啡一定要趁热喝，就像世世代代传说的，咖啡和爱情一样，愈热愈好。埃塞俄比亚咖啡注定不同凡响，与欧洲那些清淡的咖啡比较，那种带有历史厚重感的沉甸甸的香与热交融着，愈香愈热，愈热愈香。

明星咖啡是埃塞尔比亚享有盛誉的前提条件。埃塞俄比亚咖啡在哈拉尔、耶加雪飞、西达莫、利姆、吉玛、类科目菩提、卡帕等地出产的咖啡均为咖啡中的精品，其中“哈拉尔咖啡”是埃塞俄比亚咖啡的代表，也是成就埃塞俄比亚咖啡崇高地位的

星巴克在迪拜国际机场设置的咖啡店经常举办高品质的埃塞俄比亚咖啡品尝活动。

最大“功臣”。埃塞俄比亚在不同气候带都种有咖啡，因而拥有 140 个以上的农家品种，常年有新鲜咖啡出产。埃塞俄比亚咖啡质量依不同的海拔、不同地域生态环境而有所不同。

除了“巨星级”的“哈拉尔咖啡”之外，“耶加雪飞”是另一款代表作品，也是埃塞俄比亚咖啡中硬度最高的。它主要在小型农场种植，在农场附近的小草棚中干燥，几乎是以一种原始状态自然生长。与哈拉尔咖啡相比，“耶加雪飞”的巧克力味和酸味更强烈些，其酸味犹如柠檬，余味悠远，含有令人恍惚的花香。由于其在咖啡世界享有盛誉，“耶加雪飞”咖啡几乎被雀巢旗下的德国达勒梅尔公司垄断。即便在美国，“耶加雪飞”也是咖啡迷们可望而不可即的奢侈品。

在埃塞俄比亚的其他产区，“利姆咖啡”的口感与“哈拉尔咖啡”相似，而“西达莫咖啡”则更像“耶加雪飞”。“利姆咖啡”和“哈拉尔咖啡”需要特别比较的是香味，“利姆咖啡”的香味更强烈、更低沉。“西达莫咖啡”和“耶加雪飞咖啡”相比，让人感觉更温和、更轻柔，只是前者比后者留香时间短，但花香和果香却要比后者浓郁。对于世界各地的咖啡迷而言，他们无疑都是咖啡世界的“超级明星”。

有人说在埃塞俄比亚，吃完英吉拉（埃塞俄比亚的一种主食）之后，如果不来一杯香浓的本地咖啡，就显得太不地道了。喝完埃塞的咖啡之后，如果你不逢人就赞美它的好处，就太奇怪了。如果你不知道埃塞俄比亚是咖啡的故乡并不要紧，但如果你不认为埃塞俄比亚的咖啡是世界上最好的咖啡，那就说明你太不识货了。

说起埃塞俄比亚咖啡的品质，最好的形容莫过于俄罗斯人对烈酒伏特加的那句“谁也不要得罪伏特加”的评价。因为埃塞俄比亚咖啡的后劲儿极强，提神能力更是强大。普通人喝一杯埃塞俄比亚咖啡就可以精神百倍，如果喝两杯埃塞俄比亚咖啡则可能会半夜睡不着觉，如果喝三杯埃塞俄比亚咖啡就得整晚再加第二天整个白天都不会有半点睡意了。可以想见，如果饮用超过三杯的埃塞俄比亚咖啡，后果简直“不堪设想”。

尽管后劲儿十足，比较刺激，但埃塞俄比亚咖啡是绝对的“绿色咖啡”——没用过任何化肥和农药。遗憾的是，由于埃塞的咖啡缺乏知名品牌、包装技术落后等原因，埃塞俄比亚咖啡至今还为人了解甚少。美女若没有才情，也就缺乏了灵性，埃塞俄比亚的文化氛围就是很好的滋润。埃塞俄比亚祖传的文化基因也给当地的咖啡注入了别具一格的魅力。而文化气质的传承，显见比山川河流更重要。埃塞俄比亚咖啡的明媚泼辣，说到底还是本土文化使然。而埃塞俄比亚漫长的文化传承除了让这个国家的咖啡有独特气质之外，还在它们身上种下了与生俱来的魅力诱惑的基因。

埃塞俄比亚咖啡质量依不同的海拔、不同地域生态环境而有所不同。东南高地的咖啡是典型的穆哈咖啡，香郁味浓；西南所产咖啡具有浓郁的果味。各类咖啡都有受欢迎的传统市场。埃塞俄比亚还制订了国家咖啡标准，以此控制咖啡质量。

埃塞俄比亚 80%的咖啡产于半森林地带，咖啡生产的自然条件优越，其感官品质和卫生品质都很好。埃塞俄比亚在不同气候带都种有咖啡，常年有新鲜咖啡出产。埃塞俄比亚劳动力和土地成本非常便宜，咖啡生产成本相对较低，因此，埃塞俄比亚的高品质咖啡在国际市场上有一定的品质优势、价格优势和时令优势。

埃塞俄比亚咖啡档案

KAFEI DA

风味：口感细腻丰富，含有水果味、酒香和花香。
烘焙建议：中度烘焙。

咖啡豆大小：★
咖啡酸度值：★★★★
口感均衡度：★★★★★

埃塞俄比亚咖啡以农民家庭种植为主，没有施用农药化肥，基本上都能达到有机咖啡品质的实质标准。家庭经营的咖啡园管理粗放、产量很低，一般是将咖啡果晒干后在当地农贸市场卖给咖啡小贩，通过几道贩卖进入加工厂进行加工。

在国际社会的大力支持下，埃塞俄比亚咖啡逐渐出现了新式咖啡园，现在已经基本上实行了私有化。专业的咖啡种植场地条件较好，管理相对比较规范，一般有配套的加工厂，以湿法加工为主进行集约加工，加工质量较好。虽然埃塞俄比亚咖啡生产成本较低，但单产不高一直是制约咖啡生产发展的主要原因之一。

埃塞俄比亚咖啡有 140 个以上的农家品种，埃塞俄比亚农科院吉玛农业研究中心从 1967 年建立开始，就着手收集咖啡种资源，其中抗咖啡黑果病（Coffee Berry Disease）和锈病的小粒种咖啡种质资源特别珍贵，通过系统选育和杂交育种，目前已有一些适应特定生态区域的高产优质抗病的咖啡品种在生产上逐步推广。

埃塞俄比亚咖啡的品质、天然特性以及种类的不同都源于“海拔”、“地区”、“位置”甚至是土地类型的差异。埃塞俄比亚咖啡豆之所以独一无二要归功于其天然特性，其中包括了“咖啡豆的大小”、“形状”、“酸性”、“品质”、“风味”以及“香韵”。这些特性使得埃塞俄比亚咖啡具备了特有的天然品质。通常情况下，埃塞俄比亚总是作为“咖啡超级市场”供客户挑选中意的咖啡品种。

埃塞俄比亚拥有得天独厚的自然条件，适宜种植所有可以想象出来的咖啡品种。埃塞俄比亚的咖啡豆作为高地作物主要种植在高于海平面海拔介于 1100—2300 米的地区范围内，大致分布在埃塞俄比亚南部地区。深土、排水性好的土壤、弱酸性土壤、红土以及土质松软且含有壤土的土地适宜种植咖啡豆，因为这些土壤营养丰富而且腐殖质供应充足。在 7 个月的雨季中降水分布均匀；在植物生长周期内，果实会从开花到结果并且作物每年会增长 900—2700 毫米，而气温在整个生长周期内在 15℃至 24℃的范围内波动。

大量的咖啡生产（95%）都由小股份持有者完成，平均出产量为每公顷 561 千克。在长达几个世纪中，埃塞俄比亚咖啡农场的小股份持有者一直生产各种高品质的咖啡。生产出优质咖啡的秘诀就是咖啡种植农户通过几代人对咖啡种植过程的反复学习发展了环境适宜情况下的咖啡文化，这其中主要涵盖了使用自然肥料的耕作方式，摘选成色最好且完全成熟的果实以及在洁净环境下对果实进行加工处理。

埃塞俄比亚经济高度依赖咖啡产业，近25%国民的生计直接或间接与咖啡有关，20%左右的国家税收直接来源于咖啡业，作为埃塞俄比亚的头等作物，咖啡还是该国唯一收取出口税的产品。

埃塞俄比亚咖啡市场体系比较脆弱，农民将干果直接出售，初加工厂的产品再集中到国内的拍卖市场（全国在咖啡贸易古镇德雷达瓦和首都亚的斯亚贝巴设立两个拍卖市场）拍卖，焙制加工企业（以出口为主）和咖啡外贸企业直接从拍卖市场获取货源。

因国际咖啡市场竞争加剧，近年来，埃塞俄比亚咖啡价格呈下降趋势，在咖啡价格持续低迷后，今年才开始有所回升。埃塞俄比亚的咖啡出口加工企业都有相当实力，也比较现代化，经营利润较高，再加上国家的税收，其咖啡出口价格在国际市场上处于中上水平，销路也比较通畅，主要出口到美国、加拿大、欧盟国家和传统阿拉伯国家市场。

埃塞俄比亚咖啡生产的自然条件优越，提高单产的潜力很大，在结束与厄立特里亚的战争后，政府投巨资兴办大专类农业技术学校，开设咖啡专业，每年培养数百名专业技术人员，技术人才渐多，咖啡的科学研究越来越受到重视，加之社会稳定，劳动力便宜，随着国内不断地改革和发展，埃塞俄比亚咖啡产业最终有可能发展成为一个高效产业。

埃塞俄比亚每年的咖啡总产量为 20 万吨至 25 万吨。今天，埃塞俄比亚已经成为世界上最大的咖啡生产国之一，世界上排名第 14 位；非洲排名第四位。

埃塞俄比亚拥有独一无二、区别于其他咖啡种类的不同风味，为全世界的客户提供了广泛的口味选择。在埃塞俄比亚的西南部高地，卡法、谢卡、吉拉、里姆以及亚宇森里咖啡生态系统被认为是阿拉比卡咖啡的故乡。这些森林生态系统同样拥有各种具有药效的植物、野生动物以及濒危物种。

埃塞俄比亚西部高地还孕育了一些新的咖啡品种，这些新品种可以抵抗咖啡果实疾病或者叶锈，埃塞俄比亚同时还是拥有世界闻名的多种咖啡类型的地区。

由于经济落后，埃塞俄比亚对咖啡的宣传力度不够，加工工艺和包装技术仍处于较原始水平，出口利润微薄。为了保障咖啡农的利益，埃塞俄比亚政府向美国专利商标局提出将咖啡豆以产地命名并注册商标，以提高本国咖啡的知名度。这一举措遭到了星巴克等代表咖啡零售商利益的美国全国咖啡协会的反对。埃塞俄比亚政府公开指责星巴克，并得到了国际舆论的支持，星巴克不得不支持注册商标申请。这场为咖啡而展开的斗争，被国际社会誉为“埃塞俄比亚减贫第一步”。

哈拉尔摩卡咖啡 & 西达莫咖啡

埃塞俄比亚咖啡中最著名的是哈拉尔摩卡咖啡。同也门摩卡相似，埃塞俄比亚哈拉尔摩卡咖啡也完全是“纯手工”加工的咖啡。作为埃塞俄比亚咖啡中最出众的咖啡之一，哈拉尔摩卡咖啡名副其实。它有一种混合的风味，滋味醇厚，酸度或中或轻，而且含有最低的咖啡因含量（约 1.13%）。哈拉尔摩卡对咖啡爱好者来说无疑是一种具有强烈个性的咖啡，因为它的味道非常特殊，十分具有侵略性，凡是饮用过哈拉尔摩卡的人很难忘记它的味道。

土腥味是它让人难忘的最重要特色，可以说哈

拉尔摩卡的土腥味是干法处置咖啡所特有的，这同时也是一些咖啡爱好者热爱它，而另一些咖啡爱好者排挤它的缘由。但是，由于咖啡采摘后的处置办法不同，哈拉尔咖啡的味道也不尽相同，有的哈拉尔摩卡咖啡味道厚重、低醇度并有浓郁的酒味，有的哈拉尔摩卡咖啡味道香浓、液体光滑伴有油腻的果香。哈拉尔摩卡咖啡通常可分为三种：长豆哈拉尔、短豆哈拉尔和单豆哈拉尔。其中，长豆哈拉尔最受欢送，质量也最好，这种咖啡豆丰满，有浓郁的酒香，酸味分明，而且滋味厚重浓郁。

西达摩咖啡是埃塞尔比亚另外一种非常有名的咖啡品牌，主要有水洗的 G2 级与日晒的 G4 级咖啡。西达摩地区海拔度约 4600—7200 英尺。这里所生产的咖啡豆酸度适宜、风味优良、香气醇厚，与一般非洲咖啡不同，西达摩咖啡有清澈的果酸，苦味很少，口感略酸润滑，并带有精致的花草的香味、不过度刺激，这让很多咖啡爱好者迷恋。

总之，埃塞俄比亚咖啡具有狂野的气味和红酒发酵的浓郁滋味，被咖啡爱好者们称作是世界上最独特的咖啡。

如果你相信人类起源于东非，那么肯尼亚自然而然成为人类和野生动物们的摇篮。无论是人类还是野生动物，大概都难以抵挡肯尼亚咖啡的迷人香气。倘若一杯肯尼亚咖啡能够令人忘记世界的存在，那么它也一定能令那些遥远的古老生命忘记沉睡，在浓香中咂舌称赞。

肯尼亚咖啡

非洲的水果浓香

追溯历史，肯尼亚是人类发源地之一，境内曾出土约 250 万年前的人类头盖骨化石。进入现代政界，肯尼亚则因是第 44 任美国总统巴拉克·奥巴马父亲的故乡被人初识。而要谈起肯尼亚的风情，那无疑非肯尼亚咖啡莫属。

肯尼亚咖啡档案

KAFEI DA

风味：口感醇厚甘甜，带有丰富的水果香味。

烘焙建议：中度至深度的烘焙。

咖啡豆大小：★★★★

咖啡酸度值：★★★★★

口感均衡度：★★★★★

咖啡自 19 世纪首次进入肯尼亚，当时埃塞俄比亚的咖啡饮品经由南也门进口到肯尼亚。但直到 20 世纪初，波旁咖啡树才由圣奥斯汀使团引入。19 世纪传教士从也门引进阿拉比卡咖啡树时，肯尼亚并未大量栽种，直到 1893 年，又引进巴西古老的波旁咖啡子后，咖啡才在当地被大规模栽培，这才有了肯尼亚咖啡如今的品质和规模。

肯尼亚咖啡以其浓郁的芳香和酸度均衡而闻名，品尝过各种咖啡的从业人士几乎都把肯尼亚咖

啡作为自己最喜爱的咖啡之一，这并不是个人偏见所为，实在是因为肯尼亚咖啡确确实实包含了我们想从一杯好咖啡中得到的每一种感觉——香气简直美妙绝伦，令人难忘，再挑剔的味蕾也会对它咋舌称赞，酸度均衡，恰到好处，均匀的颗粒观感十足，极佳的水果味更是令人意犹未尽。

这款不锈钢沙漏型咖啡壶最大的特点就是它的稳定性。沙漏型的经典造型给人优雅而性感的整体印象，而细瘦的壶身和宽大的下底盘，在保证良好的操作性的同时，也给予了咖啡壶良好的稳定性，即便是你家那只喜欢在凌晨三点跳上咖啡台的猫咪，也丝毫影响不到它的安全。用它冲泡一杯肯尼亚 AA 咖啡再适合不过了。

如此出众，能够满足一干人挑剔口味的好咖啡，出产自肯尼亚实在是实至名归。从地理位置上来说，肯尼亚地处非洲中东部，赤道横贯中部地区，境内多高原，平均海拔 1500 米，在埃塞俄比亚和也门南部，也就是说肯尼亚距离这两个世界著名的咖啡生产国仅数百千米之遥，但是肯尼亚 AA 级咖啡所获得的荣誉却远远高于两地咖啡的名声。尽管直到 19 世纪末，咖啡种子才由传教士带到肯尼亚，与前两个国家相比，肯尼亚种植咖啡的历史远远落后，但肯尼亚 AA 级咖啡却依然后来者居上，成了世界范围内罕见的好咖啡。

肯尼亚出产的咖啡豆，豆子圆，果肉厚，透热性佳，精致度高，也难怪咖啡的香气与甘美度都如此精妙了。时至今日，肯尼亚已成为世界上第 17 个最大的咖啡生产国。咖啡的主产区在肯尼亚高原，特色的酸性土壤为咖啡提供了特别的风味。强烈的味道、饱满的外形和宜人的芳香都是肯尼亚咖啡最为独特的标志。

咖啡已经成为肯尼亚生活的一个组成部分，融入到了人们的习惯与风俗中。可以说，在肯尼亚无论走到哪里，总会有肯尼亚咖啡的香气。寻香而去，了解、品味，继而熟知，往往让人们由衷地感

叹：这充斥着整个大地与天空的浓郁多变的非洲水果香才是充分代表肯尼亚永不褪色的名片。

纽约皇宫咖啡馆提供各类高品质的肯尼亚咖啡。起初，这里是报纸、杂志的编辑和作家偏爱的工作场所之一，它在 19 世纪末和 20 世纪初享有盛誉。

丰富多变的水果芳香、浓郁均衡的酸度让众多咖啡爱好者们欲罢不能。肯尼亚咖啡平衡的味道，强烈的棕色风味，清新的小刺激，都带给人一种完整而丰富的味觉体验。作为欧洲最流行的咖啡，肯尼亚 AA 咖啡实在名副其实，不可轻易被逾越。品尝肯尼亚咖啡，只需轻啜一口，就能体会到它对整个舌头的高调冲击，含蓄的浓郁，清新的刺激，像贵族无声无息的奢华，不知不觉让人臣服，继而渴望拥有。

有必要介绍一下肯尼亚咖啡独特的水果香，独特的地理条件是这种独特能够存在且引人注目的重

要因素。肯尼亚的咖啡树绝大部分都生长在首都内罗毕以北和以西的山区，主要产区有两块：一块是从肯尼亚最高峰基里尼亚加峰的南坡一直向南延伸，直到首都内罗毕附近，这一地区紧靠赤道，是肯尼亚最大的咖啡产区。除此之外，还有一块比较小的产区位于艾尔贡山脉的东坡。丰厚的阳光与雨水保证了香味的浓厚，肯尼亚咖啡可以说几乎吸收了整个咖啡树的精华，成熟的咖啡豆四溢着微酸、浓稠的香味，还带有明亮、复杂、水果般的风味与葡萄柚香气，因此，肯尼亚咖啡热饮冰饮均相宜。正是这个原因，欧洲人喜爱肯尼亚咖啡，尤其在英国，肯尼亚咖啡的口碑甚至超过了哥斯达黎加咖啡，成为最受欢迎的咖啡。

好的味道来自于精益求精的加工。对待咖啡树，肯尼亚人也有一套自己的哲学，从咖啡树开花到结果再到收获，肯尼亚人对咖啡的尊重体现在每一个细节里。肯尼亚的咖啡树一年开花两次，大多数咖啡树都在漫长雨季后的 3 月到 4 月开花，在肯尼亚的大多数咖啡产区，咖啡豆收获的季节要从每年的 10 月一直持续到年底，也有一些咖啡树在 10 月或 11 月开花，第二年的7月收获。经过漫长的成长期，肯尼亚人还会耐心地采用手工方式去采摘咖啡豆，农民们只收获红色的成熟咖啡豆，大概每十天左右就要进行一轮采摘。像呵护婴儿般的种植、采收，造就了肯尼亚咖啡的独特，神秘多变的肯尼亚咖啡不负众望总是拥有一种令人无法抗拒的芳香，品尝肯尼亚咖啡时，如果搭配上柚子之类带有酸度的水果，简直是无与伦比的非洲咖啡体验。

在肯尼亚，砍伐或毁坏咖啡树是非法的，所有收获的咖啡豆都要由肯尼亚咖啡委员会（Coffee Board of Kaeya，CBK）统一收购，并统一进行鉴定与评级。

好咖啡自然不乏追求者。在肯尼亚历史上嗜好咖啡的名人有很多，比如著名作家海明威、美国总统罗斯福等，都曾在肯尼亚嗜饮咖啡。这群极具影响力的人物和肯尼亚咖啡的故事成了肯尼亚咖啡尊贵地位的真实写照。这群人懂得享受生活，懂得在工作之余为自己寻找灵魂的休憩场所。他们一边欣赏着神秘、粗野的非洲美景，一边一杯接着一杯地享受着肯尼亚咖啡。

肯尼亚AA咖啡的味道就像美丽的非洲自然风景一样耐人寻味，令人无法抗拒，虽然它喝着有些酸涩，但这正是肯尼亚AA咖啡独一无二的特点。对于喜欢它的咖啡爱好者们，肯尼亚咖啡就像他们恋爱中的情侣一样，拥有甜蜜的炽热又充满诱惑的风情。

对待这样的情人自然要更为精心。肯尼亚咖啡委员会对每一个要进入市场的精选咖啡豆都会进行细致加工，为购买者通过比较价格和质量选择其咖啡极尽所能地提供方便，享受到优质服务的顾客们这样评价：没有任何一个国家能够像肯尼亚那么

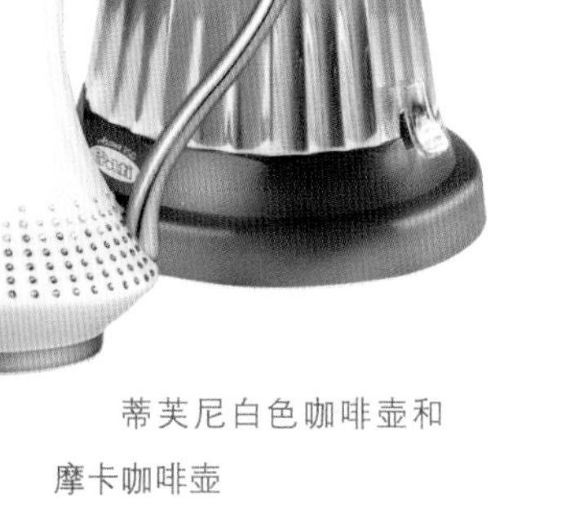

蒂芙尼白色咖啡壶和摩卡咖啡壶

费心培育和出售咖啡。

非洲是咖啡的故乡，肯尼亚高原就是生产“非洲最好的咖啡”的地方。肯尼亚咖啡豆属于酸味鲜明的阿拉比卡种，咖啡味道很均衡，以产自中部高原的最好，也就是内罗毕周围几百里地，海拔在1500—2500米之间。

开车出市区，往北去，就可以见到顺着山势起伏的咖啡园和茶园。这些庄园里的咖啡豆在树上的时候很像樱桃，颜色略深，滋味甘甜。咖啡树差不多有一人高，上面密密麻麻长着一串串咖啡，剥下果肉，里面的种子就是咖啡豆。咖啡豆洗、烘、炒、晒有很多讲究，不过一般而言，越新鲜越好喝，新炒出来还带热气的咖啡豆现磨，最是好喝。

肯尼亚咖啡在器具的选择上也很有品位，肯尼亚人最喜欢用的是意大利的铝制蒸汽咖啡壶，分三层，下面装水，中间放磨细的咖啡，放到炉子上面，蒸汽透过咖啡，再从上层涌出，做出的咖啡十分香浓。当然，精密复杂的意大利 Espresso 机和能做出酸溜溜的好咖啡的法国滤压壶也有很多拥趸。

来自非洲的浓郁果香就是这样征服了世界咖啡迷们挑剔的舌头与头脑，让大批前仆后继的咖啡粉丝臣服于自己裙下。如此华丽的臣服，一生一次，已是无憾！

以品质论英雄，肯尼亚AA咖啡当仁不让要夺得一席之位。层次多变的味道，神秘莫测的果香，醇厚的甘甜是肯尼亚AA咖啡的法宝。肯尼亚咖啡豆以大小分级，最大的为AA，之后依次为A、B等，和产地没有关系，所以同是AA级的咖啡豆，品质和特性可能差别颇大。

由于有国家专门部门肯尼亚咖啡委员会的支持，肯尼亚咖啡豆的平均水准都很高，种植工人们也对咖啡豆处理得非常仔细，高品质来源于严谨的加工，所以一份上好的肯尼亚咖啡豆不但拥有和摩卡咖啡一样带劲的酒酸，更拥有摩卡咖啡所欠缺的丰厚质感。在非洲咖啡中，肯尼亚咖啡的醇厚和甘

甜是必须要单独强调一次的，因为仅用肯尼亚咖啡就能冲煮出一杯均衡的美味咖啡，风味甚至可以和牙买加蓝山咖啡相比。当然，要想冲调一杯好的肯尼亚咖啡，好的工具必不可少，摩卡壶或者意式咖啡机是最好的选择，如果同时结合意式烘焙方式进行烘焙那就再完美不过了。

当然，由于肯尼亚水土、气候和处理方式的特殊，肯尼亚咖啡豆的风味和巴西咖啡豆的风味是截然不同的。巴西咖啡的栽种海拔低，质地较软，果酸味不明显。反观肯尼亚咖啡树主要集中在肯尼亚山附近的坡地，海拔约 4000 英尺，此高度最适合咖啡豆发展风味，因为山区温度较低，咖啡果成长较慢，咖啡豆的芳香成分得到充分发展，果酸味更为明显，质地也较硬。另外，肯尼亚早期是英国殖民地，英国人已建立一套完善的栽培、品管制度，肯尼亚独立后，咖啡业在既有基础上大步跃进，直

这套咖啡壶是由丹麦著名的银匠——乔治·杰森先生于 1905 年完成的经典系列，它代表了当时欧洲最顶尖的银器制作工艺，是高品质生活与永恒的美学设计的完美之作。低调、沉稳而又高贵，《纽约先驱报》称“乔治是过去300 年中最伟大的银匠”。

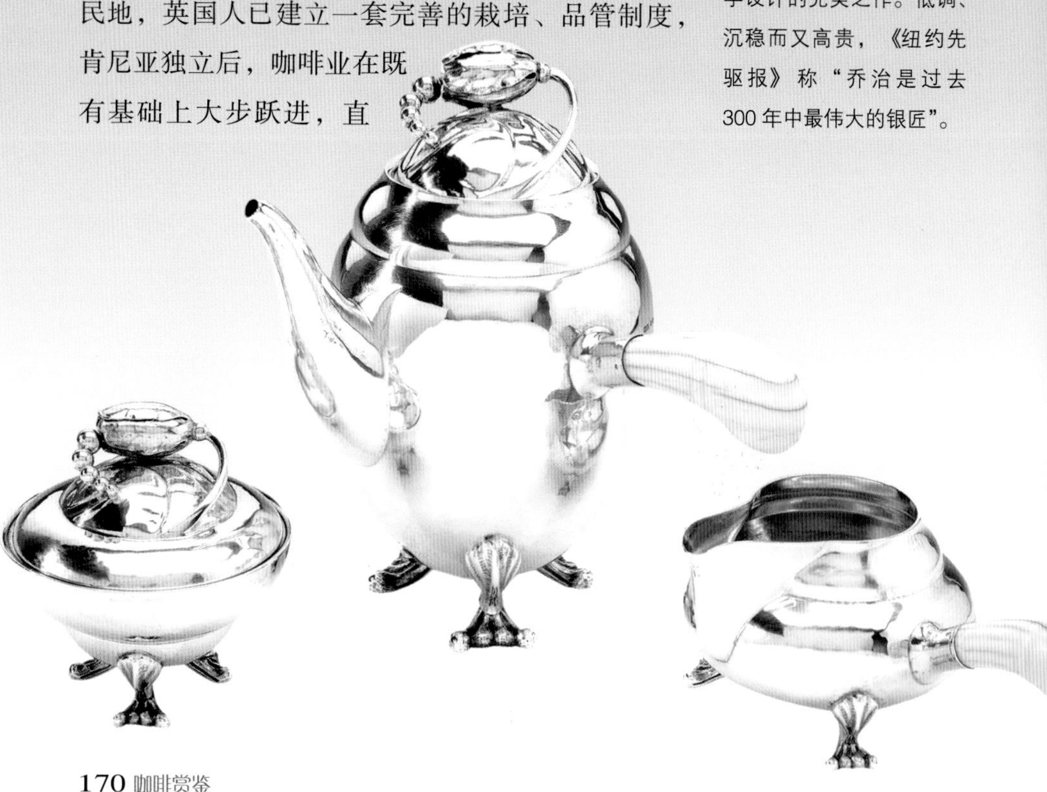

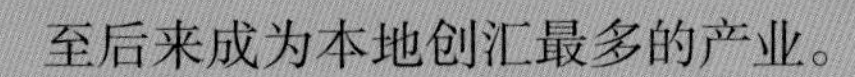

至后来成为本地创汇最多的产业。

就肯尼亚咖啡而言，大农庄的咖啡豆品质只能算中等。极品肯尼亚豆则产自小型农庄，多半位于五六千英尺以上的山麓或火山坡地，每户小农每季产能只有二十至七十袋左右。

他们集合数百户或数千户成立合作农场，由政府出资兴建水洗处理厂，小农采摘的咖啡果子就送往合作农场，统一加工。整个过程由官方的咖啡管理局督导，相当严谨，确保了肯尼亚咖啡的品质。肯尼亚豆的水洗加工技术及高标准监管，一直是产豆国表率。

肯尼亚的代表性咖啡除了肯尼亚 AA 外，还有肯尼亚 AB，两者分别以哥伦比亚特级和哥伦比亚浓缩咖啡作为参考制作而成。投入市场的肯尼亚优质咖啡主要有肯尼亚亚斯马蒂尔 AA、肯尼亚马萨伊 AA、肯尼亚亚吉利那卡 AA、肯尼亚基考路 AA、肯尼亚布莱克贝利等。其中，肯尼亚布莱克贝利是长有黑色果实的肯尼亚优质咖啡。肯尼亚还出产蓝山咖啡和科纳咖啡的变种，名字分别是“肯尼亚蓝山”和“肯尼亚科纳”。

虽然肯尼亚咖啡属于小农种植，但他们却真正做到了蚍蜉撼大树，咖啡的整体产能甚至超过大型农庄，约呈六比四，这在产豆国相当罕见。肯尼亚豆定有严格的分级制，水洗处理厂取出的咖啡豆，依大小、形状和硬度，区分为七个等级。现在肯尼

亚咖啡广受来自世界各地的咖啡鉴赏家的赞誉，这还要归功于这些小农苦守山麓野地的勤奋、耐心与坚持，或者可以说也只有他们才能种出如此优质的咖啡。

好的咖啡可以满足人们对于精神自由的追求，每一个人是否能够在自由的状态下选择出自己喜欢的味道则是达成这种精神追求的第一步。对于肯尼亚咖啡爱好者来说，选择肯尼亚咖啡无疑已经走对了第一步！

肯尼亚咖啡豆包装袋分为两类，一类是剑麻袋，另一类是黄麻袋。

剑麻袋包装：通风好，韧性强，可回收，但成本高。一般用来包装高级的咖啡豆如 AA、AB。

黄麻袋包装：通风差，韧性低，不可回收。一般用来包装低级的咖啡豆。

在咖啡的世界里，肯尼亚咖啡总是可以得到更多的关注。最好的肯尼亚咖啡总是会被竞价卖给出价最高的人，具体的成交价格则全看运气。

如果只能列举一种在肯尼亚值得购买的物品，那必然非肯尼亚咖啡莫属。上好的肯尼亚咖啡隶属阿拉比卡咖啡豆，咖啡因含量较低，酸度均衡，口味适中，是目前公认的世界上最好的咖啡之一。非常注重品质的德国、法国和日本每年都会大量进口肯尼亚咖啡就是最好的品质证明。

如果开出令人咋舌的高价也完全没有必要惊讶，因为肯尼亚对咖啡的研究和培育完全值得如此高价。可以说，肯尼亚政府对咖啡质量的控制简直到了苛求的程度，而一丝不苟则只能用来形容肯尼亚上上下下对咖啡的重视程度。在肯尼亚，数千的农场主需要在农业技能培训中接受良好的教育，并且政府允诺只要能生产出最高水准的咖啡，就会受到奖赏。

如果单以风味来评定价值，肯尼亚咖啡也不负

晒好的带皮咖啡豆

众望。最好的肯尼亚咖啡具有相当明显的果味，你会很容易就尝出香甜的草莓或者柑橘的味道。某些独特的肯尼亚咖啡，甚至在味道感觉上可以让人联想到干净和明亮这样的形容词，从精神上得到一种怡情的满足，而另外一些肯尼亚咖啡则可能会使人联想到某些珍贵的酿酒用香料。如此丰富又复杂多变的神秘味道，还不曾出现在其他咖啡身上，因此如果竞价者想追逐竞标得到上等肯尼亚咖啡，说不定还需要付出更多有价值的东西。

就国际范围而言，肯尼亚咖啡的增长数量是显而易见的，1969—1970年，出口 80 万袋，到 1985—1986 年，出口量增到 200 万袋。现在产量稳定在 160 万袋，平均每公顷产量约为 650 千克。近年由于肯尼亚咖啡需求越来越大，因此肯尼亚咖啡的平均价格一直在上升。1993 年—1994 年的价格比 12 个月前抬高 50%。

但令人稍有担忧的是，作为非洲种植技术进步的榜样，肯尼亚咖啡现在似乎正陷入一种无序发展阶段。尽管目前所生产的咖啡质量仍然比较高，但是如果一贯的拍卖制度不继续为小农场主服务的话，政府将不得不面临这些主要的咖啡种植者改种其他作物的情况。还有一种不容乐观的情况是咖啡种植者依然继续从事咖啡种植事业，却逐渐地以抗病能力强但质量不佳的咖啡品系替换较好品质的咖啡品种，一旦形成规模，那么一向以质量取胜的肯尼亚咖啡的质量显然会令人担忧。长期以来，肯尼亚咖啡都是在没有品牌标志的情况下进行分级销售的，所以，尽管肯尼亚咖啡品质出众，但咖啡价值却被大大低估。近年来肯尼亚政府也积极致力于发展自己的品牌咖啡，相信代表咖啡独特性的品牌咖啡可以将肯尼亚咖啡推往世界更远处。

伯曼庄园咖啡

肯尼亚伯曼庄园（Dormans）于1950年成立，是目前肯尼亚最大的咖啡生产地之一。伯曼庄园咖啡提供国际最高级别的肯尼亚特种精致咖啡，100%单一产区生产阿拉比卡咖啡豆，真正的臻品咖啡。肯尼亚咖啡在国际上享有盛誉，因品质绝佳被称为“非洲咖啡之王”，而伯曼庄园咖啡显然没有辜负这一盛名，高原的纯净气候让咖啡最大可能地保持了自然的特色，后期全部采用手工采摘和天然晾晒，并严格按节气变化和山地高度对咖啡进行分类收集。伯曼庄园的鉴定师每周要品尝大约1500杯咖啡，只有最好的咖啡豆才会被挑选出来进行下一步的调配和烘焙，可以说伯曼庄园的产品具有肯尼亚咖啡的所有优秀特性，能够充分展示肯尼亚咖啡闻名全球的卓越品质。

CAFE

号称“小非洲”的喀麦隆以其独一无二的特质向世界证明着自己虽然平凡却不俗的存在，无论是从冰川时期就幸存下来的世界最古老的热带雨林，还是丰富的草原、火山与河流和 200 余个民族部落等旅游资源，这些独具特色的异国情调，因为有着咖啡的飘香而在历史中更加馥郁芬芳。喀麦隆咖啡可以说是整个非洲的缩影，也可以说是喀麦隆最富有特色的味道！

喀麦隆咖啡

别具一格的草原味道

说起喀麦隆的名字，还真有些忍俊不禁。这个国家最早的名字竟然是来自于一条河流——乌里河（Wouri），该河以盛产螃蟹著称，这条河流因此被人们称为螃蟹河。从名字的随意性上我们也许可以看出一点关于这个国家的特质——能歌善舞，随性而有趣。

位于非洲中西部的喀麦隆位置很有趣，南与赤道几内亚、加蓬、刚果接壤，东邻乍得、中非，西部与尼日利亚交界，北隔乍得湖与尼日尔相望，西南濒临几内亚湾。喀麦隆全境海岸线长 354 千米。整个国家类似一个三角形，南宽北窄。西部和中部为平均海拔 1500—3000 米的高原，成为尼日尔河、刚果河和乍得湖等水系的分水岭。作为位于非洲中西部的单一制共和国，喀麦隆由于其地质与文化的多样性，早就享有“小非洲”的美誉，全国境内的自然地理风貌包括海滩、沙漠、高山、雨林及热带莽原等，而作为一个多部族国家，喀麦隆共有大小部族 230 余个，所以我们也能猜出为何其会有非洲全貌的美誉了。

喀麦隆的森林资源很多，据统计，全国森林面积高达 2 万公顷，约占国土面积的 47%，其中 80%可供开采，并且盛产黑檀木、桃花心木等贵重木材；喀麦隆水力资源也十分丰富，占世界水力资源总量的 3%。喀麦隆具有的土质、气候、地形等特点，适合多种农作物的生长。除了可可、棉花、小米、高粱、玉米等，喀麦隆还盛产咖啡，全境多山多树这一得天独厚的地质条件和热带雨林的气候资源，令喀麦隆咖啡也在世界范围内谋得了不俗的

喀麦隆咖啡档案

KAFEI DA

风味：口感丰富且柔和，味苦且醇，酸味诱人。

烘焙建议：深度烘焙。

咖啡豆大小：★★

咖啡酸度值：★★★

口感均衡度：★★★

影响力与成绩。

和东非传奇且悠久的咖啡历史相比，喀麦隆咖啡的历史要稍短暂一些，但这并不影响其咖啡渐渐走向世界，成为更多人眼中的尤物。回溯到 20 世纪初，尽管早在 1472 年，来自欧洲的葡萄牙海员已经开始在喀麦隆的海岸登陆，但是一直到 1913 年喀麦隆才经由德国人引入咖啡种植。

20 世纪 80 年代末开始，喀麦隆咖啡产量有所下降，罗布斯塔咖啡产量由 1987 年的 180 万袋降至 1990 年的 110 万袋；同一时期，阿拉比卡咖啡则由 40 万袋降至 20 万袋。如今由于喀麦隆国家咖啡监督局加强了管理，喀麦隆咖啡的产量和质量有所回升，值得期待。

拥有蓝山咖啡的血统，又不失非洲咖啡的独特秉性，这就是独一无二的喀麦隆咖啡。

喀麦隆咖啡的质量与特色甚至可以与牙买加蓝山咖啡一较高下。阿拉比卡咖啡树在喀麦隆的种植始于 1913 年，其品种是牙买加的蓝山咖啡，喀麦隆也同样大量生产罗布斯塔咖啡，最好的咖啡是产自西北部的巴米累克和巴蒙两地。

由于喀麦隆全境大多是高原和山地，而且多为平均海拔 1500—3000 米的高原，所以作为咖啡业界后起之秀的喀麦隆咖啡种植得以迅速崛起。喀麦隆现有两大咖啡品种，阿拉比卡和罗布斯塔，均为精品咖啡。其中阿拉比卡咖啡豆以口感浓郁著称，主要出口至德国、美国、意大利、比利时，经常用作混合咖啡的罗布斯塔咖啡豆的出口国主要有意大利、比利时、葡萄牙、法国。它们都为喀麦隆咖啡赢得了世界性的声誉。

除此之外，喀麦隆人民还种植一些巨形咖啡豆和豆形浆果咖啡。喀麦隆咖啡的质量及特点与产自南美的咖啡相当，是一种浓烈、味苦的罗布斯塔咖啡，经常被用于混合咖啡。喀麦隆咖啡口感丰盛且柔和，适宜深度烘烤，用于欧式蒸馏咖啡。劲道的口感

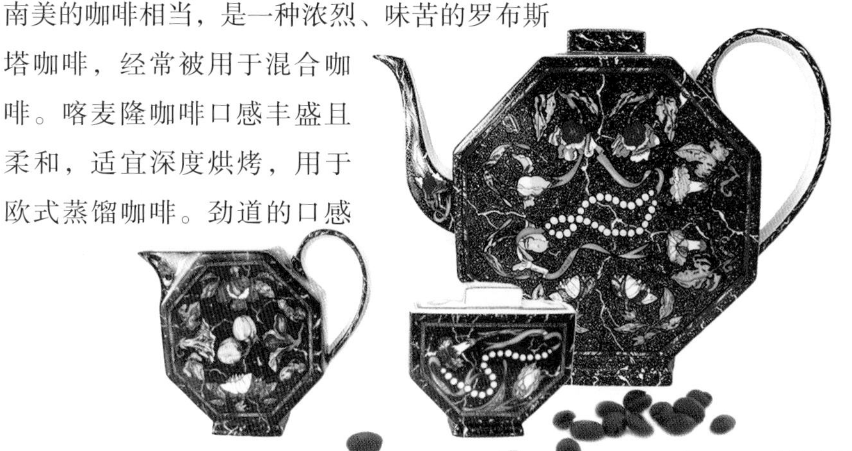

爱马仕咖啡壶

和浓郁的香气让喀麦隆咖啡成了众多咖啡鉴赏家心目中的“优质之选”。

可以说，每一个品尝过喀麦隆咖啡的人都会忍不住大呼惊喜，迷恋上它如同草原霸主雄狮的怒吼般非常悠长而又雄厚的风味。

喀麦隆具有的土质、气候、地形等特点，适宜多种农作物的生长。主要农作物有咖啡、可可、棉花等经济作物和小米、高粱、玉米等粮食作物。喀麦隆盛产罗布斯塔咖啡生豆。丰富的火山土，高海拔，适当的降雨量——所有的这一切都使得喀麦隆成为种植好咖啡的理想场所，是世界著名的优质咖啡主要产区。喀麦隆咖啡拥有醇厚的泥土味和巧克力风味的轮廓，还有带着红色浆果暗示的丰满磨光。喀麦隆咖啡的质量及特点与产自南美的咖啡相当，其风味颇为柔和，口感丰盛且顺滑，酸度低。其产品按颗粒大小分级，从大到小依次为GG、G1、G2、G3、G4。

与东非（肯尼亚、埃塞俄比亚）常见的精品咖啡相比较，喀麦隆咖啡并不为人所熟知，在市面上也很少被人们见到。但是好酒不怕巷子深，由于其口味出众，它依然不声不响地在人们心中赢得了一席之地，取得了不俗的成绩。每一位仔细品尝过喀麦隆咖啡的人，都能感受到它洪亮而不失稳重，高亢又不失优雅的气质。明亮的活泼果酸、厚实的外形、浓郁的香料以及可可的香醇气息总是能够让人回味悠长，意犹未尽。毫无疑问，这种独特的味道出自于地道的阿拉比卡豆。拜上帝之赐，喀麦隆当地干季与雨季交替的热带气候和超过 5000 英尺的高海拔种植成就了非洲雄狮味觉的怒吼。

近年来，国际咖啡市场形势一直处于良好态势，巴西、越南等世界主要咖啡生产国从咖啡种植中获得了大量收入，市场环境一直较好。但令人遗憾的是，相比之下自 1990 年以来，喀麦隆的咖啡生产却处于倒退的趋势。

喀麦隆咖啡产量在 20 世纪 80 年代前，产量一直比较稳定。但是从 20 世纪 80 年代末开始，产量急剧下降，一度下降到 3.5 万吨至 4 万吨之间。造成咖啡产量下降的主要原因包括国际市场需求波动，进口肥料、杀虫剂价格偏高，部分咖啡种植者改种玉米等。

另一方面，喀麦隆在咖啡生产领域面临严重的咖啡种植园和咖啡种植者老龄化问题，这一问题对喀麦隆咖啡产量造成了严重影响。

自 1988 年喀麦隆政府逐步推进咖啡行业自由化以来，私营从业者就逐渐撤出市场，咖啡豆种植者很难再得到资金，而且全球经济形势下滑，银行也不愿意投资农业。因此近 25 年来，喀麦隆的咖啡豆种植业基本都停留在原始的手工种植阶段，家庭式种植园的作物日渐老化，也无法获得新进的种植方法，更无法获得抵抗病虫害能力较强的改良品种，这都制约了喀麦隆咖啡豆行业的发展。

面对来自亚洲和南美洲的竞争，目前，喀麦隆正在制定一项五年发展规划，即“喀麦隆咖啡产业发展战略”（2010—2015），计划通过提高土地肥

力、应对气候条件、扩展种植面积、培养从业人员、优化出口手续、提升产品质量等各种手段，提高咖啡产量。在此背景下，与 2008 年年产 4.3 万吨相比，2015 年的咖啡产量有望达到 12.5 万吨，增长 191%。

巴米累克和巴蒙两地的咖啡

喀麦隆咖啡的质量及特色与产自南美咖啡相当。说到喀麦隆最好的咖啡，自然就是该国产自西北部的巴米累克和巴蒙两地的咖啡。

这两个地区以民族数量多而著称，拥有 90 多个民族。尽管这里很少被人提及，但这里所产的咖啡却算得上是一枝奇葩，味道特别，有喀麦隆咖啡的特色。随着喀麦隆咖啡豆总体产量的降低，这两种咖啡的产量也日渐稀少，成了日趋稀缺的咖啡珍品。

不花哨，不张扬，有的只是单纯的苦和那一点点让人断肠的甜，这就是苏门答腊曼特宁咖啡。它用独特的味道让人思考生活。如果爱咖啡，绝对不能错过曼特宁咖啡；如果不爱咖啡，最好抽出一点点时间，好让曼特宁咖啡听懂你。

苏门答腊咖啡

风味独特的丑咖啡

如果你恰好是电影《魔戒》的忠实爱好者，那么毫无疑问你知道霍比特人是种什么生物。那么你是否知道霍比特人曾经在现代的某个国家的某个地方引发过一股不小的寻人浪潮？没错，那个地方正是本篇要讲到的曼特宁咖啡的重要产地——苏门答腊。

苏门答腊岛是印度尼西亚最西面的一个大岛，也是全球第六大岛屿。全岛面积达 47 万平方千米。曼特宁咖啡正产自这里。不过，与广为流传的身高仅有 90 厘米的霍比特人的传说相比，也许苏门答腊曼特宁咖啡显得更为直接与奇特。

曼特宁咖啡之名并非来自产区名，也不像蓝山、摩卡，直接取自地名、港口名，也不是咖啡品种的名，而是来自于一个被称作印尼曼代宁民族的

音误。

据说，第二次世界大战日本占领印度尼西亚期间，一名来自日本的士兵某日在一家咖啡馆喝到了香醇无比的咖啡，对独特的风味难以忘怀的他于是用蹩脚的语言向店主打听咖啡的名字，惊恐的老板误以日本兵在询问自己是哪里人，便回答“曼代宁”。

曼特宁其实只是一个具有历史意义的名称而已。由于托巴湖周边的特殊地理环境特点，因此曼特宁咖啡融合了大量柔和的泥土味，同时拥有较浓重的口味和较低的酸度。一般曼特宁的成品独具药草、林木的清香，风味非常特别，和同样产自苏门答腊岛、但带有更多花果香的林东咖啡形成鲜明的对比。

战争结束，日本兵离开战场回到家乡，但日思夜想，无法抵制对曾经品尝过的咖啡的思念，于是千方百计拜托一名印度尼西亚客商将自己曾经喝过的咖啡客运到了日本。本是一次思念之旅，没有料到的是，“曼代宁”竟然在日本大受欢迎。口口相传之下，曼代宁被大家叫成了曼特宁，直到今天。

这个传说中提到的那名咖啡客商后来成立了现在大名鼎鼎的普旺尼咖啡公司。而令日本士兵日夜思念难以忘怀的曼特宁咖啡就产自苏门答腊北部的托巴湖周边。

离开传说，回到历史，咖啡真正进入苏门答腊岛还要追溯到 17 世纪，当时的荷兰人把阿拉比卡树苗（咖啡树苗的一种）第一次引入到锡兰（即今天的斯里兰卡）和印度尼西亚。19 世纪末，即 1877 年，一次大规模的灾难袭击印尼诸岛，咖啡锈蚀病击垮了几乎全部的咖啡树，人们不得不放弃已经经营了多年的阿拉比卡，而从非洲引进了抗病能力强的罗布斯塔咖啡树。

今日的印度尼西亚已经成为咖啡产量大国，总体来说，罗布斯塔种类占了咖啡总产量的 90%，而本文的主角苏门答腊曼特宁咖啡正是其中产量稀少的幸存下来的阿拉比卡种类。印尼的咖啡产地主要集中在爪哇、苏门答腊和苏拉威西，为了保证咖啡

树的正常生长，咖啡豆都被栽种在海拔 750—1500 米之间的山坡上，在这其中，以神秘著称的苏门答腊岛独为曼特宁咖啡附上了一种奇妙的风味：上等的曼特宁咖啡香气浓郁，口感丰厚，拥有强烈的味道，同时还略带巧克力味和糖浆味。

如此风味与苏门答腊岛的特殊地形休戚相关。苏门答腊岛地处火山多发地带，整个岛密密麻麻遍布 93 座火山，其中有 15 座是活火山，曼特宁咖啡生长的托巴湖正是 10 万年前火山爆发而形成的特殊地带，因此土质特别肥沃。托巴湖是曼特宁的最重要产区，这里同时也是著名的曼特宁集散地，黄金曼特宁就产在此处。

目前，曼特宁咖啡是世界上需求量最大的咖啡之一，也是世界上密度最大的咖啡之一。咖啡爱好者们都评价曼特宁咖啡是“越难看的咖啡豆味道越好”，这和曼特宁的外貌有关系。但凡见过曼特宁咖啡豆的人都觉得这种咖啡豆很丑，这大概也和曼特宁咖啡豆颗粒较大，豆质较硬，栽种过程中很容易出现瑕疵有关。

但丑并不能遮掩曼特宁的风韵，品尝过曼特宁咖啡的人无一不被其浓厚的香味、厚重的苦味所吸引，既可将其作为单品饮用，也可以当成调配综合咖啡的良品。历史已经证明：曼特宁咖啡就是这样特立独行、风味独特的一种丑咖啡，丑得有品质，丑得有内涵！

和风度翩翩外形俊秀的蓝山相比，曼特宁虽然其貌不扬，却格外有一种阳刚，喝起来有种痛快淋漓、恣意汪洋、驰骋江湖的感受，这种口味和感受让男人们心驰神往。

“我很丑，但我很温柔。”如果要用一句话来形容曼特宁咖啡的性格，大概首先想到的就是这句话了。曼特宁咖啡是生长在海拔 750—1500 米高原山地的上等咖啡豆，孤高绝傲中生长，曼特宁代表了一种坚韧不拔和拿得起放得下的伟岸。

尝试过曼特宁的人对曼特宁感受不一。有人觉得它浓烈厚重，是一往无前，可以踏碎亘古荒凉，纵横无尽天涯的凯撒大帝，担当的是咖啡中的英雄；有的人觉得它温柔随和，是一抹刚硬中不经意流淌出的温柔，即便是心肠最硬的男人也会有心甘情愿臣服的一天。但不管人们如何去形容它，男人们因为拥有曼特宁而变得更加雄健，女人们则因为见识了曼特宁而更懂得绕指柔的心动……曼特宁一直都以最独特的苦表现它最独特的甜，用自己的独特阐释生活的深刻。初尝曼特宁，我们或许难以忍受，因为即使放入再多的糖也无法掩饰那种直击肠胃的苦味，但我们却控制不住自己而疯狂迷恋它。

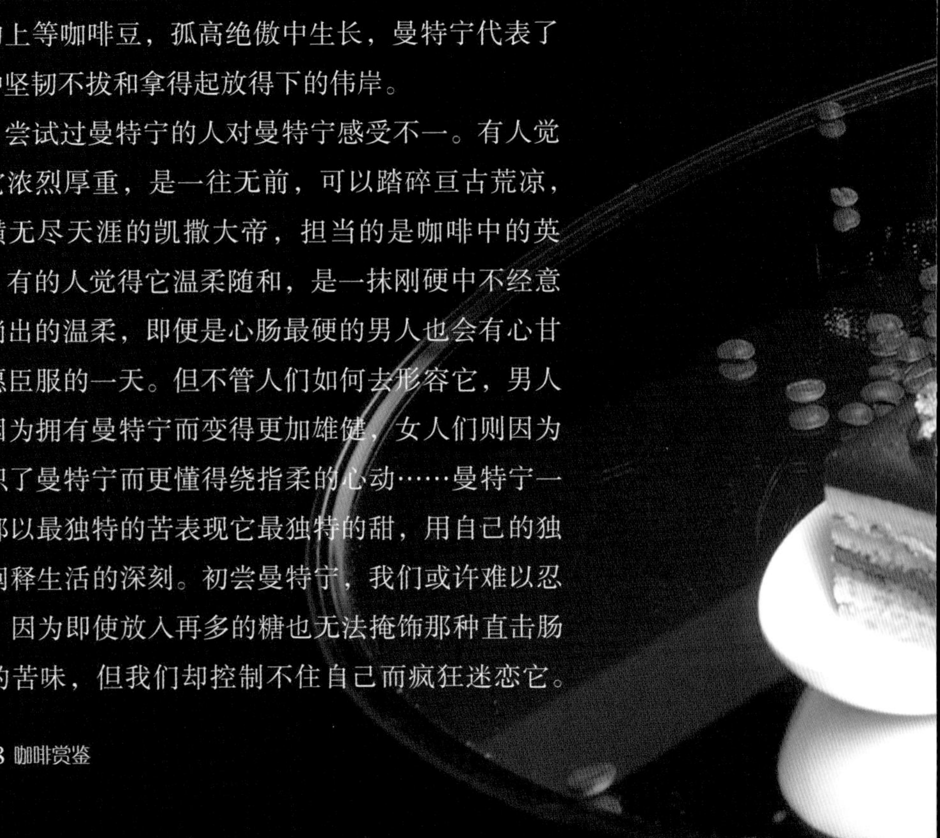

那味道就仿若果实边上的荆棘，令人清醒自觉。

仔细品尝曼特宁，能明显感觉到活泼在舌尖的那一挑小润滑，跳跃的微酸混合着浓郁的香味，让人轻易就能体会到温和馥郁中的活泼因子。除此之外，曼特宁咖啡所拥有的淡淡的泥土的芳香，有一种山野的芬芳，是原始森林里特有的泥土味道，有时还掺杂少许淡淡的霉味，深受喜欢喝深度烘焙咖啡的人士的喜爱。曼特宁咖啡比较苦，但却不会苦得让人心烦，因为，那是一种包涵了隐忍、宽容、爱意，间杂了甜蜜和酸涩的幸福的苦楚，令人欲罢不能。可以说，曼特宁这种卓尔不凡的口感反而为自己招来

曼特宁咖啡口味浓重，带有浓郁的醇度和馥郁而活泼的动感，不涩不酸，醇度、苦度可以表露无遗。曼特宁咖啡豆的外表也许是众多咖啡中最丑陋的一种，但丑并没有消损它的魅力，反而赋予了它更为丰富的独特品位，被公认为世界上最醇厚的咖啡之一。

了数量众多的追求者。

经过为期三年地窖储藏的典藏苏门答腊曼特宁咖啡味道更浓郁，酸度会更低，而醇度却更加浓厚，余味也会更悠长，还有浓浓的香料味道，生命在舌尖的曼特宁表现层次非常丰富：有时是辛酸味，有时是胡桃味，有时又是巧克力味。

可以这么说：在曼特宁咖啡面前，蓝山咖啡只能算作后辈，因为远在蓝山咖啡被发现前，曼特宁咖啡就被大家敬封为“咖啡中的极品”。

曼特宁咖啡口感醇厚，泥土的香气加之成糖浆般的口感，让它可以成为游走于手工器具和意式咖啡机之间的适应度很广的一种咖啡。

有人说曼特宁咖啡是世界上最浪漫的咖啡之一，大概也和它独特的风味有关。很多人都喜欢曼特宁，这是因为即使在曼特宁咖啡里放入再多的糖也掩盖不住那种透人心肠的苦味，刚想要弃苦而去，却又随即停留在舌尖，慢慢渗出的那最后一抹迷人的末香所吸引，忍不住地停留下来，直到深深恋上。

曼特宁咖啡有多苦？试着蘸少许曼特宁颗粒放入舌尖，枯苦味立时像炸弹一样引爆在整个口腔。让人忍不住屏住呼吸，盼望时间停止在前一秒。

但曼特宁咖啡也很甜，当苦味慢慢散去，一丝甘甜便渐渐地钻出口腔，跳到舌尖，又跳到味蕾，轻易地、调皮地便拨动了刚刚还屏息皱眉的人的心弦。

和其他咖啡相比，曼特宁没有花哨的果香，也没有诱人的巧克力味道，没有一开始就勾人的甜，也没有让人心生好感的形，曼特宁有的就是单纯，而全部的单纯造就了最好的曼特宁。

曼特宁的苦是极细微的甜的外衣，需要你用心轻轻撕开它的朦胧，才可以感觉到它的与众不同。喜欢曼特宁的人，都会情不自禁喜欢上它的醇浓，喜欢上它苦尽甘来的韵味。

在曼特宁的时间里，无论是工作，还是休闲，时间都会静静地流逝，不留一丝痕迹。有曼特宁就足够，因为曼特宁就是一个世界，一个能给人浪漫情怀的世界，能制造千变万化情调的世界。

饮用曼特宁愈久，愈能感受到它在朴实外表之下蕴藏的独特芬芳，同时领略到它超越价钱的可贵之处，与那些酸甜苦涩特点明显的咖啡相比，曼特宁波荡的是一种雍深的回味无穷。那是一种苦里囚着香，放荡里飘逸着谨慎，让人无法释怀的香醇。

手捧一大杯苏门答腊咖啡，一种奇妙的温暖和香醇滑顺感觉会油然而生。这种感觉不同于任何其他咖啡，在这种只属于饮用咖啡的人的独特感觉中，每个人都能慢慢放松，渐渐领略到这种以苦为主，苦中带甜的生命真谛！

曼特宁是稀少的阿拉比卡种类中的一支，由于生产量比较少，所以价钱与一般性的咖啡豆相比要高些。在量产的苏门答腊咖啡中，约有90%的咖啡品种为罗布斯塔种，只有约10%左右的曼特宁咖啡是稀少的阿拉比卡品种，这个原因又为苏门答腊曼特宁咖啡增值不少。

通常来讲，出产于苏门答腊北部的传统阿拉比卡咖啡中最好的品种通常会被冠以两类名称出售到市场，分别是林东与曼特宁。而无论是林东咖啡，还是曼特宁咖啡，都被普遍种植在高且充满蕨被的黏土高原上。这两种咖啡种植条件类似，整个种植咖啡爱好者们喜欢曼特宁是有理由的，因为苏门答腊曼特宁咖啡的外形和口味都很特别，尤其是经过烘焙之后的曼特宁咖啡豆豆粒很大。通常生豆呈褐色或深绿色，带有一种特殊的焦糖香味，口感香醇浓郁。与其他咖啡相比，少了些天生的甜味，而多了浓厚的苦味，没有柔和的酸味。不过在后期人工挑选时，一旦管控过程不严格，很容易造成品质良莠不齐，加上烘焙程度不同也会直接影响口感，因此曼特宁咖啡也成为争议较多的单品。

过程中绝不使用任何可能会对口味发生影响的化学制品，此外，在苏门答腊，咖啡种植几乎完全由小私有者拥有，这种小面积的种植方式也是直接造成曼特宁咖啡产量稀少的主要原因之一，再加上这类咖啡采收后要经过严格的人工挑选，成本耗费高，价格也水涨船高。

但与此同时，苏门答腊咖啡也是世界上需求量最大、密度最大的咖啡之一，一般的咖啡爱好者大都喜欢单品饮用曼特宁咖啡，需求量大，这也对苏门答腊咖啡的价格起到推波助澜的作用。

垄断了百分之九十蓝山咖啡的日本，对曼特宁咖啡也表示了相当的重视。日本最大的咖啡公司上岛咖啡于 1995 年与苏门答腊的著名咖啡商合作经营了在亚洲的第一个咖啡种植场，可见曼特宁的地位有多重要。

提到曼特宁，不得不提的还有黄金曼特宁。黄金曼特宁是在苏门答腊老树种的基础上加以品种改良的咖啡树。黄金曼特宁的产量很少，而且一年才收获一次，与一般咖啡种植相比，周期较长，因此它的成品也受到了相当高级的待遇——只用托巴湖特产的一种草编成 10 千克装的小袋子，来盛装生豆用以出口！之所以如此隆重，正是因为这种咖啡豆产量像黄金般稀少难求，因此人们用“黄金曼特宁”来做商品名称。

不过也有人说，之所以称为黄金曼特宁，是因为这

苏门答腊咖啡档案

KAFEI DA

风味：带有一种特殊的焦糖香味，口感香醇浓郁，苦味明显，酸味极低。
烘焙建议：中度至深度的烘焙。

咖啡豆大小：★★★★★
咖啡酸度值：★★
口感均衡度：★★

种改良后生产的咖啡豆颜色比一般的曼特宁多了一种金黄色，故而命名。无论命名的成因如何，黄金曼特宁可以说都是优秀的一级品。曾有来自世界各地的咖啡大家疯狂断言道："苏门答腊曼特宁咖啡是世界上质感最棒的咖啡。"因此，也难怪黄金曼特宁会造就新一轮的咖啡市场需求，甚至连一向淡定的欧美市场也为之疯狂。

苏门答腊咖啡是星巴克最受欢迎的原产地咖啡之一。泥土的芳香加上野性的韵味，下次路过星巴克咖啡店，不妨试点一块胡萝卜蛋糕，就一杯苏门答腊曼特宁，仔细体味一下。

麝香猫咖啡

有一种"顶级粪便"成为很多咖啡爱好者追逐的梦想，很多人一辈子可能都见不到一次，抱憾终身。对粪便如此热衷，这并不是笑话，也不是故事，而是实实在在存在的产自苏门答腊岛最稀有的麝香猫咖啡。很多人对麝香猫咖啡知之甚少，真正有幸品尝的人更是少之又少，这是因为麝香猫咖啡数量非常少，物以稀为贵，因此大部分人也只能饱饱耳福，从听觉上想象下它的味道罢了。

麝香猫咖啡主要产于印度尼西亚的爪哇、苏门答腊及苏拉威西岛屿。能够生产出这种咖啡的动物是一种名叫鲁哇克（Luwak）的麝香猫，这种猫喜欢把咖啡树上的咖啡果实当作晚餐。咖啡果实经过麝香猫的消化系统，果实外表的果肉会被消化掉，而坚硬无比的咖啡原豆则会保留下来，之后便原封不动地被排出。在麝香猫的肠胃道消化发酵期间，

咖啡豆产生无与伦比的变化。一次偶然的机会，有人不小心尝到了这种随粪便排出的咖啡豆，结果发现经过麝香猫肠胃发酵的咖啡豆特别浓稠香醇，味道非常棒，于是便开始大量搜集麝香猫排泄物，经过特殊的筛选，滤出咖啡豆用来泡煮饮用，但是由于此种咖啡生产途径非常特别，所以导致产量稀少，不易采集，所以售价也高居不下，成为全球最名贵也最难得一见的咖啡，以年产量 500 磅、每磅 800 美金的钻石地位雄踞咖啡世界的榜首，比蓝山咖啡的身价还要高出 3—4 倍。香醇的味道，丰富圆润的香甜口感也超出了其他咖啡豆，成为现实存在的一个咖啡神话。

元朝建都后，皇帝忽必烈曾经不断派人前往远方的“千岛之国”印度尼西亚所属的爪哇岛，与其保持友好关系。他未必想到多年以后，那里的一种曾经被很多中国人觉得味道苦涩、无法理解的饮料会风靡世界，并成为著名的咖啡品牌。

爪哇咖啡

岛国上的苦涩诱惑

现代都市白领，尤其是痴迷咖啡的爱好者们对穿越历史的旅行地，最痴迷的不是西欧、北美，而是爪哇和桃源。在无数故事、史实中出现的这两个地方，分别以神秘和世外清修引人耳目。时光飞逝，曾经遥不可及的遥远国度如今成为日行千里可到达的地方。作为中国人去往巴厘岛度假的跳板，爪哇的名字频繁出现在世界各地不同肤色的脚下、心里，也出现在那些对咖啡爱不释手的咖啡爱好者的眼里。爪哇咖啡，不得不说它具有一种别样的风情。

爪哇咖啡档案

KAFEI DA

风味：口味绵软、柔滑，均衡度好，含辛辣味、土味和坚果味。

烘焙建议：中度至深度的烘焙。

咖啡豆大小：★★★★★

咖啡酸度值：★★

口感均衡度：★★★

爪哇咖啡极负盛名，可以说它在世界咖啡史上占有不可代替的重要地位。爪哇，是印度尼西亚第四大岛屿。只要翻阅一下历史资料，很容易就可以发现这个岛国曾是经声佛号不断的理佛大国。世界最为盛名的七大奇观之一波罗浮屠佛塔就在爪哇岛的高原上。

爪哇咖啡是根据其产地爪哇岛命名的，目前主要是罗布斯塔种，而罗布斯塔在世人眼里的形象比起阿拉比卡咖啡，要逊色了一些。追根溯源，爪哇岛之所以选种罗布斯塔咖啡是有些被迫的因素在起作用。

17世纪中期，咖啡树由荷兰人引入印度尼西亚(某些官方资料认为比这更早一些)。1712年第一批来自爪哇的咖啡销到阿姆斯特丹。但是，好景不长，1877年岛上所有种植园的咖啡树都被咖啡锈病毁坏，为了弥补毁坏的咖啡树，岛民不得不从非洲引进罗布斯塔咖啡树替代原有阿拉比卡咖啡树种，这也导致时至今日，爪哇岛大约只有6%—10%的咖啡豆是阿拉比卡咖啡豆。不过，飞来横祸焉知非福，如今印度尼西也已经是世界上罗布斯塔咖啡的主要生产国，以数量来计，每年要生产约680万袋咖啡，其中的90%出自小种植园。

爪哇咖啡的区域性很强，咖啡产区主要位于安第斯山脉，沿着这些山脉的高地种植着咖啡。山阶提供了多样性气候，这里整年都是收获季节，在不同时期不同种类的咖啡相继成熟。爪哇不必担心霜害。成熟以后的爪哇咖啡豆在咖啡界有相当高的评价：“颗粒重、营养丰富、香味浓郁”，口味绵软、柔滑，均衡度好。如果要用一个比较准确的词来形容它的这种丰富性与独特性，也许可以将其称为“软”咖啡，这种软咖啡味道清淡，但其中透出的香味却久久令人难忘。与之相对应的，有“硬”咖啡，咖啡大国巴西生产的咖啡就是这种“硬”咖啡的代表，与爪哇咖啡不同的是它的味道较为浓烈。造成这种区别的主要因素是场地的海拔高度和种植方法。

尽管爪哇咖啡久负盛名，追随者众多，但爪哇岛只生产少量的阿拉比卡豆，大部分咖啡豆是锈蚀病灾难后从非洲引进的罗布斯塔咖啡豆。罗布斯塔豆烘焙后苦味强烈但香味极其清淡，虽然酸度较低，口感也比较细腻，但很少被用来直接饮用，常被用来拼配综合咖啡，或用于制造速溶咖啡。

咖啡树锈蚀病曾经使巴西的咖啡大量减产，也曾若干次左右国际咖啡市场；它也使得曾经遍植咖啡树的斯里兰卡，砍掉咖啡树而全部改种红茶；同样的，它也使得曾经让人们视若珍宝的爪哇阿拉比卡咖啡远离人们的视线，也许这就是尽管印度尼西亚出产如此之多令人叫好的咖啡，当地居民更喜欢饮用土耳其风味的咖啡，而不是其久负盛名的欧洲风味的咖啡的原因。

很多人都把爪哇咖啡和高品质、好口味画上了等号，其咖啡豆堪称精品。

清淡却仍然扑鼻的香味，浓郁美妙的口感和非常调皮讨喜的水果口感，让众多咖啡爱好者对爪哇

咖啡欲罢不能。“不太像咖啡，更有些像水果茶”是很多人对这种浅烘焙爪哇咖啡共同的感觉。酥脆而清爽的口感，清新的风味很适合做夏日饮品，鲜明、多变又独特的个性，让爪哇咖啡脱颖而出、与众不同，爪哇咖啡也注定是天生的咖啡王者！

爪哇岛生产精致的芳香型咖啡，酸度相对较低，口感细腻，均衡度好。它的香味和酸度比苏门答腊岛和苏拉威西岛的咖啡更胜一筹。这个岛国上最好的咖啡种植园是布拉万、詹姆比特、卡尤马斯和潘库尔等。

爪哇咖啡是阿拉比卡咖啡种中非常具有代表性的一个优良品种，是传统的深度烘烤咖啡，这种出色的品质自然是与爪哇的气候分不开的。爪哇气候比较温和，空气潮湿，使这里整年都是收获季节，

生长在肥沃的山地黑土间，精耕细作的爪哇咖啡自然就有了不俗的品质。

爪哇咖啡的香气浓郁而厚实，带有明朗的优质酸性，高均衡度，有时具有坚果味，令人回味无穷。不论是外观上，还是品质上，爪哇咖啡都相当优良，口感丰富完美。

爪哇咖啡有着一种奇妙的水果风味，喝起来带有一种黑莓和葡萄柚的味道，是许多咖啡爱好者的最爱。这款咖啡带着极佳的中等纯度，酥脆而清爽的口感，风味清新且最适合夏天做冰咖啡饮用。品尝这款咖啡时，如果搭配上柚子之类带有酸度的水果，一定能有很棒的咖啡体验。

早年盛名在外的爪哇咖啡的主要品种是锈蚀病到来之前的阿拉比卡咖啡。阿拉比卡咖啡芳香浓郁，酸度较低，口感润滑，与摩卡咖啡拼配在一起，所造就的“爪哇摩卡综合咖啡”曾经风靡一时，成为顶级咖啡的代名词，声名远播。

每一种咖啡因产地不同，有着各自强烈的性格，例如阳刚浓烈的曼特宁，有着酷似钢铁男子的性格；醇味芬芳的蓝山咖啡，会令温柔的女子思念上瘾。而一向清淡香味的爪哇咖啡特级咖啡，适合那些性喜清淡的人。这样的人不想将喝咖啡当作一件正襟危坐的事，从酸、甜、苦、涩间体会什么深奥的人生哲学，只想简简单单地喝一杯可口的咖啡。一杯热腾腾的爪哇咖啡，让这些人体会到人生的境界是丰富的安静。安静，是因为摆脱了外界虚名浮利的诱惑；丰富，是因为拥有了内在精神世界的宝藏。人生的幸福就是能收获如此精辟的对境界的诠释。

爪哇咖啡的酸、苦、甜三种味道配合得恰到好处。独特的香味，喝下去后，香味充满整个口腔。把口腔里的香气再从鼻子里呼出来，气味非常充实。

梅森描金咖啡杯

或许你会嫌它太霸道，因为它会以快速占据你的味蕾、你的思维甚至灵魂。为什么要抗拒它呢？我们所在的生活中，本来就充满了酸、甜、苦、涩，就让咖啡的香味把凡间所有的一切带走。我们所享受的并非只是一杯咖啡那样简单，还有咖啡所带给我们的那宁静的一刻。

印度尼西亚咖啡豆的酸度总是恰到好处，爪哇咖啡也不例外，如果非要做个比喻的话，爪哇咖啡酸起来既有一点点刁蛮小女儿的可爱清纯，又有温婉姑娘的亲和与亲近，不至于让品尝它的人感到酸涩难忍。正是由于这种恰到好处的味道，爪哇咖啡受到了挑剔的日本人和德国人的一致赞扬，很多印尼咖啡豆都大量出口到日本和德国。

此外，印度尼西亚得天独厚的地理条件与气候也保证了“后来者”罗布斯塔种咖啡树发挥了最佳品质，使该品种咖啡豆酸度保持在比较低的水平。这样喝起来口感更加细腻、香醇，均衡度也调配得极好，而且，比较特别的是它的香是独特的烟熏味，夹杂一点甜蜜的麦香，还略带糖浆味。

要喝最好的爪哇咖啡，就必须使用那种不是很新鲜的咖啡豆现磨现泡，尤其是经受过“季风”过程，外观上呈现黄色的爪哇咖啡生豆。这是因为在过去，欧洲人喝印尼咖啡豆都是用船运输的，漫长的船运，空间闷热的温度使得储藏的咖啡豆的味道和颜色都有所改变，到达目的地后，咖啡豆已经由原来的绿色变成了一种奇怪的黄色。经过季风“处理”以后的咖啡拥有了一番独特的风味。

爪哇咖啡如此特别，苦涩记录的是种植的艰辛，甜蜜承载的是长途跋涉的希冀，特别的爪哇造就了特别的咖啡！

印度尼西亚最好的咖啡种植区在爪哇岛、苏门答腊岛、苏拉威西岛三个岛，创立了三大咖啡品牌，其中爪哇咖啡属于阿拉比卡种咖啡。

爪哇的咖啡种植面积虽大，但咖啡产量一直不高，出口的潜力还有待开发。近年来，包括爪哇在内，印尼的咖啡种植也面临了越来越大的困难。将近 98% 的咖啡园成为无政府支持的农民自营咖啡园，咖啡树苗未经良好栽培。再加上多数咖啡园都位于森林边缘，农民没有条件进行种植栽培管理，没有对咖啡树进行施肥和浇水，只是任其生长，所以咖啡产量较低。

据印尼《商报》报道，世界咖啡价格的上涨，却未给印尼种植咖啡农民和出口商带来更多收益。2009 年世界咖啡价格由上年的每千克 1.6 美元涨至 2 美元，但对于印尼咖啡园农民来所，这点钱相对他们的种植成本，仍然过于低廉，整个印尼咖啡的出口价格虽有提高，但收益依然不太明显，所以印尼的咖啡种植者都不愿认真经营咖啡种植园。低下的生产力和低劣的咖啡品质也使整个印尼咖啡，难以与世界其他咖啡生产国进行有效竞争。既然不能取得收益，于是原先种植咖啡的农民开始转向种植其他农作物，这也间接导致爪哇咖啡的产量下降。

但是，整体的大环境依然对爪哇咖啡有利。目前，德国、瑞士及意大利等欧洲国家对爪哇咖啡的需求有增无减。这些国家的消费者青睐爪哇当地生

产的阿拉比卡种品种咖啡，优质的爪哇咖啡在国际市场上可以说是供不应求。面对这种有利的国际形势，所以当地的行政长官也呼吁咖啡农继续积极种植咖啡，希望种植者更勤于培植阿拉比卡品种咖啡树，妥善管理咖啡园，增加产量并提高咖啡质量，增加咖啡出口。

除了国际环境对阿拉比卡咖啡的需求，消费者对于爪哇咖啡特殊的消费喜好也让爪哇咖啡价值一路上扬，大有居高不下之势。这种消费喜好主要是因为很多消费者喜好陈年爪哇咖啡，以至于印尼政府和一些商人故意把新鲜豆在仓库里存放一到两年，再卖给消费者。陈年爪哇咖啡与新鲜的咖啡豆相比，酸度降低到接近于零，香味更加浓郁。这种做法又直接导致市场上的爪哇咖啡出现囤积居奇的情况。由于储藏的时间较长，成本增加不少，数量有限，所以陈年爪哇一直是咖啡市场上的抢手货。

卡洛西塔洛加咖啡

爪哇咖啡中被归为国宝级咖啡的当属卡洛西塔洛加咖啡（Excelso Kalosi Toraja），它甚至成为印尼致赠来访的其他国家元首的见面礼，享有至高无上的尊贵。卡洛西塔洛加卡非不仅代表了印尼的国家特色，还彰显提示了爪哇咖啡的重要性。卡洛西塔洛加咖啡主要产自南苏拉威西岛、爪哇岛等地，是目前继牙买加蓝山咖啡之后最出名的咖啡之一。

卡洛西塔洛加咖啡具有相当丰厚的风味及气味，饱满的醇度及独特的风味。100%高山阿拉比卡咖啡豆带有令人着迷的土壤、甜坚果味、菇类香、木质感厚实、香料坚果味、橘子皮苦味香，冲泡后的卡洛西塔洛加咖啡带有芳香的杏仁气息及木质感，干净度高，果仁厚实，在印尼爪哇豆中属少数的高级质感豆气味，红糖味明显，水果发酵味残留，冷饮如茶叶香且口感香气非常饱满。

优雅是它，高贵是它，调皮是它，亲近是它，简单是它，复杂也是它。有水的温柔，也有火的热辣，有醇香惹人的清新果香，也夹杂着狂野刺激的芬芳。也门摩卡，咖啡界的茜茜公主，以它的优雅、狂野赢得了一批又一批忠实的崇拜者。

也门咖啡

热辣的咖啡情人

什么是摩卡？摩卡意味着什么？有人说，摩卡是个咖啡产地；有人说，摩卡就是一种甜甜的巧克力咖啡；有人又说，摩卡其实是就是一杯卡布奇诺加点诱惑的巧克力。

其实，这些人都没有真正认识摩卡。摩卡不只是一种调制方法，也不只是依附在别的咖啡身上的寄生者，它确实身材娇小，但绝对不是不起眼。真正的摩卡其实是一座收录了近六个世纪历史的城市，一个永远涌动着咖啡香气的热闹码头，一位不知不觉利用独特的芬芳与味道俘获了世人的桀骜骄人。

摩卡是一座位于也门红海沿岸的港口城市，直到 19 世纪它没落至废弃，一直是也门首都萨那的重要港口地。摩卡闻名于世，始于从 15 世纪开始的咖啡贸易，一直到 17 世纪，这里一直是国际最大的咖啡贸易中心，甚至在这之后很多从这里出发，继而走到世界各地的咖啡，都会被冠以摩卡咖啡的名称。时至今日，“摩卡咖啡”一词仍然广泛用于指代那些拥有巧克力香味的优质咖啡豆。在英语中，摩卡咖啡慢慢转变为指混合巧克力的咖啡，与卡布奇诺等成为咖啡饮料的主要品种。后来新的咖啡种植地区被开发，该城咖啡贸易逐步衰落。

摩卡咖啡最早主要是生活在也门的当地人饮用。也门位于阿拉伯半岛西南部，西临红海，北部和沙特阿拉伯接壤，东与阿曼为邻，南濒亚丁湾和阿拉伯海，扼地中海与印度洋交通要冲，隔曼德海峡与埃塞俄比亚和吉布提相望，因此在公元 6 世纪之前，也门一直都被人们称为阿拉伯，从这里运至其他地方的咖啡树也相应被称为阿拉伯咖啡树。也门国土面积 529 970 平方千米，海岸线长 1906 千

也门咖啡的命名方式至今没有通用准则，也没有官方的分级制度。当地居民自有一套分类系统，有数以百计的咖啡代号与名称作为内部分类用途，但是对于商业市场（出口用途）咖啡并不适用。在商业市场上，也门摩卡通常采用以下两种命名方式之一：产地名，或是树种名。

米。整个也门境内以山地高原为主，沙漠地区炎热干燥。几百年来，咖啡一直是也门的传统出口产品，现在也仍然是也门最重要的经济作物和出口产品之一。

事实上，很多年来也门摩卡咖啡都一直被挑剔的欧洲人认为是世界上最好的咖啡，其卓越的品质历来为咖啡迷们所称道。据说沙特阿拉伯人尤其喜欢饮用也门摩卡咖啡，即使明知有些咖啡质量稍差，并不正宗；沙特人也愿意出高价购买。很多人都误以为阿拉伯地区甚至印度出口的咖啡才是摩卡，其实，追根溯源，也门才是举世闻名的摩卡咖啡的真正产地。

此外，也门也是世界上第一个把咖啡作为农作物进行大规模生产的国家。大约在公元525年，咖啡就开始在也门种植，后来，著名的探险家马可·波罗率领船队旅行至此，由于长途跋涉，这一行人所拥有的物资已接近匮乏，不得不停靠在摩卡港，上岸补给物资。因缘巧合，一个当地的小贩将当地产的咖啡豆贩卖给了马可·波罗，于是咖啡豆第一次离开摩卡港，跟随马可·波罗远途跋涉到达了威尼斯，它的独特风味，尤其是醇香中缠绵的浓郁的巧克力香很快令新观众如痴如醉。自此之后，摩卡咖啡逐渐地被越来越多的人所认识，并很快被传播开来，在以后的两百年中，也门也一直是欧洲咖啡的主要供应国。

也门摩卡咖啡品种甚众，多数以其产地和类型命名。品种不同的咖啡风味各异，有木材香、烟草香、麝香、果酒香等丰富的风味。目前市场上著名的也门摩卡咖啡品种有萨那尼、玛塔利、依诗玛莉等。萨那尼咖啡豆有果酒风味，产自也门首都萨那及周边地区；玛塔利咖啡原产自萨那西部的马他尔地区及周边，是最为人知的摩卡咖啡，风味独特，咖啡豆有巧克力色泽，颗粒完整，有果酒和调料

也门摩卡咖啡档案

风味：口感温和、微酸、入口柔滑圆润，回甘很好。
烘焙建议：低度至深度的烘焙。

咖啡豆大小：★★★
咖啡酸度值：★★
口感均衡度：★★★

味；依诗玛莉咖啡是摩卡咖啡最稀有的品种，产于也门最高海拔地区，产量有限，价格昂贵，有果酒、香料、坚果、麦芽等多种风味，质量在玛塔利和萨那尼咖啡之上，是世界上最好的咖啡之一。除此以外，喜拉齐、扎马尔尼也是很有名的咖啡品牌，分别产自萨那至荷台达公路边的高山地带和扎马尔地区。

风味独特，品种多样，让人们对摩卡咖啡津津乐道，但这并不是摩卡咖啡走向公众视线的唯一原因。事实上，在一百多年以前，整个中东非生产咖啡的国家都没有大量外销，所以，也门虽然种植咖啡的历史很悠久，却久久不被外人所知。摩卡港是当时红海附近最主要的输出港口之一，大部分产自非洲的咖啡都需运送到这里，才能再向外输出到欧洲地区。它旁边的邻居埃塞俄比亚也是一个种植咖啡历史很悠久的地方。因此，有时候埃塞俄比亚出产的哈拉尔咖啡也被称为摩卡咖啡。直到后来，几乎所有的也门咖啡和阿拉伯咖啡都被人们称为摩卡咖啡。于是，摩卡咖啡的名字理所当然地以这个港口名称命名。

摩卡咖啡如此盛名，可能很多人都认为随着社会现代化的发展，在也门咖啡的生产加工技术也会日臻完善，人们会有越来越多的机会品尝到正宗的摩卡咖啡。但令人遗憾的是，今日的也门已不复当日的盛况。也门动荡的社会局势阻碍了经济的发展，也直接导致了摩卡咖啡产量的下降。

自 20 世纪八九十年代始，也门内乱就曾导致摩卡咖啡一度供应紧张，进入 21 世纪，曾经繁华一时、名声大噪的摩卡港也早已成为一纸废弃的历史。

也门咖啡源自几百年前的阿拉伯咖啡树，均产于海拔 3000 英尺以上地区，几百年来，也门咖啡特有的种植和制作方式几乎一直没变——咖啡树的幼苗先在苗圃培育后再移植到高海拔地带，种植过程中不使用任何农药和化肥，成熟后的咖啡豆在咖啡树上自然风干，用石磨去壳后再经人工反复选粒洗净，得到的咖啡豆形状规则，大小均匀，颜色可从浅绿色到黄褐色，香味馥郁而持久。

今天的也门成为世界上最贫穷的国家之一。近年来，尽管国际咖啡市场价格不断上涨，也门的咖啡业并没有随之繁荣。造成咖啡产量减少的原因主要在于两个方面。

第一，水资源短缺和土壤退化。水资源短缺已经成为也门经济社会发展的严重制约因素。咖啡种植用水主要依靠雨水和山泉水，缺乏灌溉设施，用水效率不高，受气候的不确定性影响极大。土壤退化和水土流失现象严重，土地的肥力和生产力都在削弱。咖啡种植需要严苛的条件与较长的周期，对于挣扎在食物生活线上的也门人来说，种植咖啡是一种“远水解不了近渴”的长期而辛苦的劳作，远不及种植卡特来得更为经济实用。

在也门，咖啡爱好者和卡特爱好者相比，卡特的拥护者更多，而且和咖啡的生长周期长、成本

埃塞俄比亚入侵也门时，也把卡特这种灌木带了过来。卡特的叶子可以用来咀嚼，时间长了能让人上瘾，因为它富含的类麻黄碱类物质能刺激人脑，让人兴奋。在也门的中国人中流传着这样一种说法，也门四大怪，“人吃草、羊上树、男穿裙、女穿裤”。其中的“人吃草”的草指的就是卡特。古代的阿拉伯人曾用卡特叶作为酒类的代用品。目前，世界上绝大多数国家认为卡特树叶含有轻度麻醉物质，视其为麻醉品，嚼食卡特也被视为非法。

法蓝瓷美妙绝伦的咖啡具

高、管理困难相比，卡特种植简便、生长期短、需求旺盛，所以很多农民都把原来的咖啡地改为栽种卡特，卡特的种植面积在逐年增加，而咖啡的种植面积却在逐年减少，产量持续下降，再加上也门水资源紧缺和病虫害，更使咖啡的种植雪上加霜。也门当地的咖啡产量少得可怜，还不够国内人饮用，更别提出口了。

咖啡曾经在也门的出口商品中排在前列，但随着大规模的石油开发和渔业的发展，咖啡作为主要出口商品的地位逐年下降。从十年前的前五位降低到近年来的二十几位。2001 年起，也门咖啡产量连续四年下降，咖啡的出口也随着产量的下降而遭受严重打击。2005 年，也门农业和灌溉部提出在一年内种植 100 万株咖啡树的计划。在也门农业和灌溉部的大力支持下，政府加大了对咖啡种植业的投资，积极鼓励农民种植咖啡树，建设水利设施和推广种植技术等，希望能够发展咖啡生产，争取出口创汇。在政府这些积极的干预措施下，近几年也门的咖啡生产和出口都得到了一定程度的恢复和发展。不过总体而言，并没有充分发挥其咖啡品牌的优势和潜力。

不管方式如何，人们对咖啡的沉迷却是一致的。与一些具有醇厚奶香甜腻口味的咖啡相比，摩卡咖啡口味非常特别，润滑中之中酸至强酸、甘性特佳，初饮苦涩，继而回甘，浮现出浓浓的巧克力的味道，果香中夹杂辛辣，有明显的酒味，非常具有贵妇人的气质，是极具特色的一种纯品咖啡。可以说摩卡咖啡在小巧的杯中显出浓厚的欧洲风味。

据说欧洲人非常喜欢摩卡咖啡，并一直将其作为一种消耗性的奢侈品。阿拉伯人喝咖啡非常普遍，不但是日常生活中的必需品，其喝咖啡的历史已达500年之久，与欧美人不相上下。“take a break”表示休息一下或饮料时间，每到这时，英国人喝的是茶，美国人喝的可能是茶或咖啡，而阿拉伯人喝的必定是咖啡。论起喝咖啡的方式，法国人尤其喜欢在落地窗前喝咖啡，“在窗内看着风景，被窗外当风景看”，而开放的意大利人则偏好在露天咖啡座啜饮咖啡，奥地利人却截然相反，喜欢在垂下的窗帘后面喝咖啡。

在摩卡的世界里，人们不必在疲惫中挣扎，不必在紧张中挫折。来一杯摩卡，醒也罢，让心灵靠岸，哪怕只是片刻。坐在那透明的落地玻璃窗后，秋日午后的阳光如细雨一样温柔地洒遍房间的每一个角落，毫无顾忌地浸入每一根血管，啜着一杯香醇浓郁和心情相似的摩卡，看窗外忙碌的人群，侧耳聆听那缠绵悱恻的名曲，种种生活的琐碎、尘世的喧嚣、工作的忙碌、情感的烦忧都会烟消云散。

不是所有贵妇人都手不能挑，肩不能扛，千百个雷同的贵妇人中总有一个特别与众不同。来自也门的这位贵妇人就全身散发着这样一种与众不同的特质，它个头娇小，举手投足却又让人觉得无比强悍。有人评价说也门摩卡的余味很像蓝莓的味道，也有人说这是红海特有的“狂野味道”，但无论如何评价，我们都无法忽视它实在是像极了那位令众生倾慕的茜茜公主：有贵族的典雅，却不僵化；有成王的稳重，却不呆板。

曾有咖啡专家这么说：“也门摩卡味道太多样

手握一杯辛辣刺激、风味复杂的摩卡，配合桌上零散的书刊，耳边回响着或悠扬的爵士乐或浪漫的流行曲，只有摩卡能立刻成为这幅咖啡文化画面中的焦点。

咖啡、书、音乐三者的有机结合看上去是如此和谐，而摩卡咖啡成为贯穿这不同文化情调的一条主线。一杯香浓的“摩卡”，一本古典名著，一支舒缓的钢琴曲；一杯风情万种的“摩卡”，一本时尚杂志，一支流行歌曲——这些不同风格的搭配，简直就是一杯催情的万年灵药，令人不自主地眼神迷离，再淡定，继而从容，品一口摩卡，百转千回的味道中让人们从欲滴的黑色液体中自然地流露出庄重、随意、温馨的王储氛围——一种由咖啡赋予的文化氛围。

化了，何止不同产地、不同树种、不同批次有差，每一麻袋、甚至每一杯的风味都不一样。”

因为它的复杂多变化，对咖啡烘焙者来说，如何烘焙出也门摩卡的最佳风味是一大挑战。中浅焙展现的水果甜香、温和、暖烘烘的日晒发酵味；深焙展现出的浓郁红酒香、苦甜巧克力余韵，令人品味再三，“余味绕梁、三日不绝于口”。这也难怪有这么多热衷此道的咖啡饕客，将也门摩卡列为心目中的最爱！

对咖啡的欣赏其实像一场嗅觉与味觉两个的品位较量，要了解一杯咖啡的浓郁芳香，还要加上心的透视与脑的用心。

也门摩卡有多个栽种区，也因栽种区的不同而成就了不同流派，有的是巧克力味和酸味，有的是粗野和芬芳的味道……它们共同缔造了“摩卡”这颗“亚洲咖啡王冠上的钻石”。摩卡咖啡之所以与众不同，不在它能搭配牛奶的奶香，焦糖的甜腻，而是在它本身层次的丰富，风味的多变，亦如人生，总有不可预料之处。

品一杯摩卡咖啡，让人生百感从舌尖慢慢弥漫周身。

拼搏奋斗的生活，像是摩卡咖啡的焦苦略带咸涩；追求理想的生活，像是摩卡咖啡的浓郁热烈。

事业成功，再加上浪漫的爱情，则像是一杯极品摩卡咖啡，既甘甜而又香醇精致……

也门西部的红海沿海平原，气候和水土条件并不适合种植咖啡，咖啡的产地主要在西部山区。摩卡咖啡生长在海拔3000米的山地，那里地理环境独特，山地崎岖，空气稀薄，光照强烈，水分则来自降雨和山泉，这些条件造就了摩卡咖啡特殊的香气和口味。

真正的摩卡咖啡有点儿像爱情，既酸又甜。而摩卡的存在对不同的人来说都有一个不同的理由。

为了爱情存在的摩卡，是为了让爱恋中的人们了解爱情的甜美和波折，为了告诉我们幸福的简单。只有真正懂得爱的人才能品味出摩卡的特别。经过调制，加入香浓牛奶，充斥着浓厚巧克力味的摩卡咖啡是最受女孩子欢迎的咖啡品种，绝大多数对咖啡有略微了解的人会认为它只是在拿铁中添加了巧克力。这种说法不算错，但不完全正确，因为这种方法只是将摩卡当作了咖啡的一种“制作方式”，而完全忽视了真正的摩卡内在的“咖啡本质”。只不过能够喝到地道的“品种”摩卡的人实在是不多。地道的摩卡怕是不太容易被女孩子很快爱上的，因为它除了具有天然的巧克力余味外，辛辣、刺激、带有浓郁的酒香是它不太温柔的一面。

事实上，摩卡咖啡后一种特性在越来越文明的商业世界中得到了发扬光大，如今绝大多数咖啡馆里的摩卡咖啡并不使用也门咖啡豆，而是添加了巧克力糖浆的咖啡（正是因此，“品种”摩卡变成了“制作方法”摩卡）。摩卡咖啡豆平均颗粒较小，带有生姜的狂野泼辣气息，是一种明亮独特的滋味，而这种辛辣的豪迈则因为也门咖啡豆的低产量而成为少数“贵族”展现品位的专利了。

七成的热咖啡，一成的巧克力，二成的牛奶，在最后加入一点碎冰块，用热水形成一杯香浓的巧克力牛奶咖啡，这就是摩卡。苦与甜、酸与咸、醇与淡、冷与热既独立且融合，摩卡咖啡冲泡出来的味道都是一以贯之的古老和淳厚，它会释放出温和的口感，口味清爽，连香气都是温和的，味道爽朗而悠长。原本对立的元素，经过合理配比，却能完美地融合在一起，产生曼妙的效果。人们惊叹之余，将从摩卡咖啡文化引申出的这种“独立·对话·融合”精神内涵，称之为摩卡精神。

也门人自古就有饮用咖啡的习惯，这里有着与世界其他地区截然不同的咖啡文化。在也门，有很多从事咖啡收购和储存的中间商，每年新收购来的咖啡并不急于销售，种植咖啡的农民也把咖啡当作一种储蓄手段在家中囤积，真正进入市场的往往是已经库存几年的旧咖啡豆。这也决定了也门摩卡的价值。

今天，随便走到一个咖啡馆、咖啡座或者一家餐馆，似乎都能看到摩卡咖啡的踪影，甚至在诸多商场、超市处处可见打着摩卡招牌的咖啡售卖。价格不贵，又广泛普及，大概是很多对咖啡不熟悉的人对摩卡咖啡的第一印象。

但事实上，地道的也门摩卡在国际市场上的价格一直不低，一方面因为也门咖啡在流行喝“土耳其咖啡”的国家和地区非常受欢迎。尤其是在沙特阿拉伯，也门摩卡简直是备受宠爱，以至于人们宁愿为质量不太高的摩卡咖啡付出昂贵的价格。人们对摩卡的特别喜爱使得它在世界咖啡市场的价格一直居高不下。

另一面，人们不能忘记的就是：也门摩卡是世界咖啡贸易的鼻祖，对于把美味的咖啡推广到全世界功不可没。也门摩卡曾被人们称为“阿拉伯咖啡”，17 世纪这位生长在深闺的小名人得以有机会漂洋过海到了意大利等欧洲天主教国家，此后在超过 150 年的时间里，也门咖啡一直是唯一销至欧洲的咖啡。

作为世界上第一个把咖啡作为农作物进行大规模生产的国度，时至今日，也门摩卡咖啡的种植和处理方法依然在很大程度上与数百年前的种植处理方法保持一致。在大多数的也门的咖啡种植农场中，咖啡农依然抵制使用化学肥料等人工化学制品，基本完全依靠百分百农家肥灌溉。咖啡农们栽种杨树来给咖啡提供生长所需的阴凉。咖啡树依然种植在陡峭的梯田上，以便能够最大限度地利用较少的降雨量和有限的土地资源，完全凭借人工劳作，绝不使用任何化肥和农药，靠着阳光、雨水和特有的土壤种植出纯天然的也门咖啡。事实上，在海地、埃塞俄比亚和西印度群岛种植的咖啡与也门咖啡属于同一血统，其中也有不少被冠以摩卡咖啡之名。但是，由于种种原因，它们的口味和芳香与也门生产的摩卡咖啡截然不同。

也门咖啡的采摘和加工也完全由手工完成。咖啡豆的初步加工使用干燥法，在阳光下自然风干。这种方法最原始，也最简单，不使用任何

机械，也不经过清洗，所以有时候也门咖啡豆中会有少量的沙粒和小石子。要知道，在目前机器化的年代，世界上只有巴西、海地以及印度少数地区仍在使用干燥法处理咖啡豆。不仅如此，也门摩卡咖啡的烤制过程也完全由手工完成，火候完全取决于经验和感觉。

也门摩卡出生的整个过程——从种植、采摘到烤制——每一道工序都用最古老的方式完成，虽然这样烤制出的咖啡豆颜色不一，但正是这种夹杂着粗犷和野性味道的芳香，造就了独一无二的也门摩卡咖啡，因此，人们也对摩卡奉上了“亚洲咖啡王冠上的钻石”的美誉。和蓝山咖啡异曲同工的是，也门摩卡豆至今也仍然保留着用袋子装运的习俗，不同的是，也门摩卡只用当地一种稻草编织成的袋子来装运，而不同于其他地方用的是化学编织袋。

也门咖啡如此受人喜爱，本应该走向世界，成为更多人喜闻乐见，更有机会轻松享受的品牌，但是由于也门国家自身的多种因素，也门摩卡的

生产正受到了越来越大的挑战。也门摩卡百分百手工打造，因此拥有非常独特的风味，但是这同时也成为其规模化发展的一大制约因素。在也门，咖啡的出口 90%以上都是咖啡豆，精加工的咖啡粉所占比例不超过 10%。也门出口咖啡以未加工和初加工产品为主，深加工能力不强，而综观世界市场，深加工的价值及其附加值较初加工产品要大得多，21 世纪还完全依靠纯手工打造——这严重影响了咖啡贸易的整体品质和收益。

另外，也门咖啡生产经营主体是极其分散的农户，缺乏能够把农户组织起来、具有经营和销售实力的流通企业。少数的几家民族咖啡企业，规模偏小，缺乏竞争力，也没有过硬的品牌。这种分散经营的落后状况不能形成规模效益，更不利于减少成本和合理配置资源，严重制约了也门摩卡咖啡业的发展。

众所周知，为了保证蓝山咖啡的品质，牙买加政府专门制定了严格的咖啡品质保障政策，建立了咖啡品质鉴定机构，但是在也门，缺乏明确的咖啡质量鉴定标准与规则，造成也门咖啡品质参差不齐，品质不稳定的现状。因此，真正高质量的也门摩卡咖啡的价格自然就一路走高，难得一见。

摩卡依诗玛莉

稀世珍品
XISHIZHENPIN

摩卡依诗玛莉（Mokha Ismaili）是古老树种之一，种植海拔在 1980 米以上，特色是豆子外形更浑圆，豆形更小，口感厚实，复杂度高。

依诗玛莉产于西拉奇（Hirazi）地区高山山侧地带，受缺乏雨水的干燥土壤影响产生独特的口感和香气，是“非洲之王”也门摩卡中的顶级咖啡。目前亚洲市场上，一磅的价格约为 180 元。

值得一提的是，依诗玛莉咖啡既是也门古老树种名称，同时还是也门的一个地名。一些咖啡商人常常将依诗玛莉地区产的咖啡标注“依诗玛莉”之名，时常令人混淆难以分辨。因此在购买的过程中，一定要向供应商询问清楚。

宗教给予了印度这个古老国度一种神秘的色彩，不论是在梵音阵阵的庙宇，还是在茶香四溢的临街小店，虔诚的信仰为印度人带来了更加平和、安宁的秉性。而印度咖啡，则以一种不太起眼的方式，发挥着如宗教一般神秘的影响力。

印度咖啡

黑色的“海洋味道”

历史篇
LISHI PIAN

说起印度，爱美的女士首先想到的是如今风靡世界的瑜伽，美食爱好者必然要提到的是咖喱，关心政治的人士不得不想到的是甘地，还有全国人民都能想到的仅次于中国的人口数量。有着悠久历史的印度和中国一样是四大文明古国之一，阿育王时期的印度国势强盛。印度也是发展中国家里发展较快的国家之一。说起瑜伽、手抛饼，人人都能介绍几句，但说起印度咖啡，估计哑口失声的人要占到多数吧。

印度的咖啡没有很出名的品牌，一半以上的咖啡是罗布斯塔咖啡，阿拉比卡咖啡的产量更少。印度是著名的红茶产地，印度咖啡不出名也就不足为怪了。不过如果在咖啡迷里提起季风咖啡，相信很多人都有所了解。季风咖啡和印度难道有联系？

印度季风咖啡档案

KAFEI DA

风味：口感醇厚顺滑，香气浓郁，有独特辛辣味。
烘焙建议：中度烘焙。

咖啡豆大小：★★★★
咖啡酸度值：★
口感均衡度：★★★

印度咖啡的种植起因于17世纪的当地殖民者英国人。早在17世纪和18世纪早期，嗜好咖啡的英国人就在水土、气候都相当适宜的殖民地种植他们所需要的咖啡。从那之后，印度的咖啡种植业就在英国人的需求和促动下，迅速成长起来。1862年始，皮尔斯莱斯利公司开始从事咖啡研磨工作，在此之前，苏伊士运河开始通航，满载咖啡的货船从这里出发，历经6个月的行程到达欧洲。

旅行途中，商人们偶然发现，装在木制船舱里的咖啡豆，经过一路颠簸到达目的地后，颜色由绿色变为隐约的黄色，再加上长时间受到海风的影响，使得这种咖啡豆制成的咖啡具有不同其他咖啡的味道，似乎带有海风和海洋的气息，味道变得更加醇美独特。这一发现立即引起咖啡鉴赏家们的兴趣，以致后来也渐渐受到欧洲人的喜爱，第一次品尝印度咖啡的人都会感受到一种浓浓的“海洋味道”。1699年，荷兰人从印度马拉巴移植咖啡树到爪哇岛，造就了印度今日的荣耀，这种来自印度的咖啡就被自然而然地称之为“季风咖啡”了。

印度盛装咖啡豆的盒子

在英国统治下，印度咖啡的种植成为一股风气，但在1870年的一场植物病变中，几乎摧毁了整个咖啡产业。咖啡于1920年被重新引进种植，在政府的资助下，印度咖啡产业发展迅速，至今产量已位居亚洲第二，并占全亚洲25%的产量。

印度是亚洲最早种植咖啡的国家，产量居世界第六，但印度咖啡在日本、中国大陆和台湾，甚至美国并不常见，印度季风咖啡却被欧洲人深深迷恋，其中意大利是印度咖啡的最大买家。

印度咖啡协会根据各地农业气候和咖啡口味的不同，将全国划分为13个咖啡产区，这从另一个方面表明了印度咖啡在风味、品质、种类上的多样性。印度咖啡产量的大多数来自于南部三个大省，其中以尤以卡纳塔克省最高，其咖啡种植面积约占

印度咖啡种植总面积的64%，产量约占总产量的7成左右。

过去的半个世纪，印度咖啡种植面积增加了四倍，接近40万公顷，其中以中等大小颗粒咖啡种植面积增幅最大，现在其面积占咖啡种植总面积的一半以上，产量约占印度咖啡总产量的60%。与此同时，对于酷爱饮茶的印度人而言，如何扩大国内的咖啡消费市场、提高咖啡业生产力、提高咖啡产量和质量，以及在全球市场更好地推销印度咖啡，成了当下印度咖啡业需要攻克的难题。

殖民统治在摧毁印度文化的同时，也塑造了新的文化，咖啡便是最突出的代表。尽管印度人对咖啡的喜爱程度不如红茶，但因季风咖啡独特品类的存在，足以让印度咖啡在咖啡王国里占据一席之地。

印度季风咖啡以“马拉巴尔季风”和“巴桑尼克利季风”最为有名，其中尤以后者的出口量更大。也有其他一些国家为了达到季风咖啡类似的风味，在生豆处理过程中进行发酵处理，但是却没有像印度这样利用季风来进行咖啡生豆的处理，因此可以说季风咖啡是印度咖啡的一大亮点。

印度的A级咖啡豆经过季风洗礼，味道浓郁，滑润可口，但有股奇特的辛辣味道。曾有咖啡鉴赏家评价说，A级咖啡和印度尼西亚的陈年豆有类似的口味，这也许和它们处理方法的原理相同有直接的联系。印度的优质A咖啡出自以迈索尔为代表的南部卡拉塔克邦和以马德拉斯为代表的泰米尔纳德邦地区。从1992年起，印度政府将优质耕地的A级咖啡豆冠以“天然金块”的头衔，开始实施对优质咖啡豆认证的制度，鼓励优质种植园的发展。

整个印度虽然早就以红茶生产而闻名世界，但是能有季风咖啡这样的特色出品，印度咖啡的发展潜力也不容小觑。也许在不久的将来，印度季风咖啡会大放光彩，让更多的人熟悉它们，爱上它们。

印度季风咖啡生豆闻起来草香味十分明显，烘焙好的咖啡豆香气不像哥伦比亚咖啡那样满腔绽放，也不像肯尼亚咖啡那样充斥在鼻腔，而是融合在浆稠的咖啡液中，一路冲进胃里。

印度西海岸正在悄悄等待即将到来的6月，因为每年一到这个时候就是雨季来临的时刻。滚滚的乌云慢慢从阿拉伯海缓步而来，伴随着雷电交加，接着是大雨倾盆，整个印度的干旱问题一下就解决了。气象学家形容这是“世界上每年最剧烈的时期”。印度西部山脉地区种植大量咖啡，西南季风对那里的咖啡生长来说是至关重要的。

芒格罗尔是印度西海岸最大的港口城市之一，这里为季风的到来做好了一切准备。每年6月到9月是咖啡豆的收获时期。5—6月

这套名为“手绘镶金完整六人套装咖啡具”的华丽咖啡瓷器是手绘艺术、骨瓷艺术、镶嵌艺术的完美结合。细腻的骨瓷上有顶级工艺大师精心绘制出的图案，再辅以18K金的精美装饰，流金与奢华之花占据了壶身杯壁华丽的线条。咖啡壶和咖啡杯甚至是搅拌的咖啡勺都保持相同的格调，相同的姿态，高高翘起的壶嘴和金闪闪的杯身让拥有它的人更加享受这尊贵的生活。

期间，印度西南部地区受到西南季风的影响，雨季和旱季交替出现。在此期间，咖啡生产者将咖啡生豆堆至约 20 厘米左右高，铺放在一种特殊的建筑物旁（保证下雨时咖啡豆不受影响），大概堆放 1 周左右。在此期间要不时用耙子扒拢咖啡豆使得阳光充分均匀地照射，然后将咖啡豆松散地放入袋子里，让其接受季风的吹拂。在 7 周的时间里要反复将豆子从袋中取出再放回，这样季风咖啡就初步制成了。最后只要进行一次手选，将优质的生豆装袋以供出口即可。虽然没有在海上颠簸的经历，但是这种咖啡经过季风处理所具有的风味却是和以前的咖啡口味相似。

每年的 12 月到来年的 2 月，则是加工处理印度精品咖啡的季节。季风咖啡需以日晒豆来做，厂房面向西边，以便迎取西南吹来的咸湿季风。咖啡豆平铺在风渍场内，窗户全开，风渍到一定程度后再入袋，但咖啡豆不能装太满，且咖啡袋不能堆挤太密以免不透风而发霉，还要不时倒出咖啡豆更换麻布袋以免滋生霉菌，相当费时耗工。风渍期约 12 至 16 周，熟成后还要再经烟熏处理，以驱赶象鼻虫，最后还要人工筛豆，挑掉未变成金黄色的失败豆子。经过 3 至 4 个月风渍，绿色咖啡豆的体积膨胀一至两倍大，重量和密度降低，含水率约 13%，质与量均起重大变化。

这种极其殚精竭虑的制作过程实在无法用言语形容更多，只要想象一下这种自然浪漫的处理过程，大概会体味到季风咖啡的特别所在吧。

印度季风豆分为三个等级，最高等级是季风 AA，豆宽 18.5。第二等级季风巴桑诺里，豆宽为 16，第三等级是季风阿拉比豆碎豆，豆宽为 16。印度季风咖啡口感奇特，可以说不像咖啡反而更像茶，略带着一种壳物类的甜味。虽然有商业等级划分的印度咖啡豆找不到非常特殊的特质，但毫无疑问都是非常令人满意且有趣的豆子，这些咖啡豆无一例外都有着微微的花果香味。印度豆均衡度及干净度都很不错，酸质中适当地带有甜味，且不会太尖锐。换句话说，印度咖啡是许多不喜欢强烈酸质的顾客能接受的。

对于印度，不止于它的美女、茶、庙宇、瑜伽抑或奇特的民族风情，特别的印度咖啡也是我们了解印度、熟悉印度最好的桥梁。不屈不挠的印度咖啡专家们在长达十余年对本土咖啡的介绍、宣传与发展中，终于为印度咖啡在咖啡精品市场中找到了一条希望大道。

印度咖啡受到广大咖啡爱好者的追崇与喜爱，其中有多种原因，最主要的原因还是它特殊的季风处理过程。上好的印度咖啡也被划归为阿拉伯种植园咖啡，最优等的是 A 级、B 级、C 级和 T 级。“季风”咖啡分为优质马拉巴尔 AA 级咖啡和“季风”巴桑尼克利咖啡。另外印度也生产一些豆形浆果咖啡，2004—2005 年度的咖啡总产量约为 27.5 万吨，即 458.3 万袋（每袋 60 千克），同上一年度 26 万吨（433.3 万袋）的数量相比增长 5.8%。印度咖啡总产量的

70%都出口到国外，维持近 15 万小型咖啡生产商的生计。据印度咖啡局公布的数据显示，2007 年意大利再度蝉联印度咖啡的最大进口国，共进口 53 吨印度生豆，占印度咖啡出口量的 23%。意大利人偏好印度粗壮豆来做浓缩咖啡配方，其中印度罗布斯塔就进口 43 吨，阿拉比卡只进口 9 吨。另外，俄罗斯、德国和比利时也是印度咖啡的大客户。

除了在卡纳塔克邦之外，上好的印度咖啡在西南部的喀拉拉邦的特利切里和马拉巴尔也有种植，另外还有东南部泰米尔纳德邦的尼尔吉里斯。

当前印度咖啡业所面临的问题是官僚主义严重，税收过重，投资匮乏。目前，印度咖啡委员会控制着整个咖啡业，统一收购咖啡，然后出售。咖啡以大批量拍卖的形式售出。这些咖啡被混合在一起以达到一定的贸易数量，而这又使庄园和地区之间的差异不复存在了，因此致使许多优质咖啡的生产者缺乏足够的动力来生产独具特色、质量上乘的咖啡豆。政府于 1992 年曾试图解决这一问题，经过努力，在几个优质咖啡生产区通过 A 级咖啡种植园的种子获得了著名的瓦利纳吉茨咖啡。人们希望这能鼓励其他的咖啡种植者，因为他们中的大多数人确实渴望将自己的产品打入咖啡市场。

马拉巴尔季风咖啡

咖啡只有水洗或日晒处理吗？水洗咖啡富有果酸与甜味，日晒的咖啡口感丰富浓稠度高，那季风处理的咖啡呢？

印度咖啡中最负盛名的，当属名字与口味都很

有趣的马拉巴尔季风咖啡。马拉巴尔季风咖啡豆看来虽然豆大、肥硕，然而却是外强中干的软豆，此系历经数月的风化而产生的变化。咖啡豆长期暴露在潮湿的季风数周，咖啡本身的酸度也降低不少。

这种咖啡的口味刺激强烈，混合着特殊的焦糖味，对于喜爱“清爽口感”或甜咖啡的人不太适合。倘若烘焙久一点后放置三天以上，马拉巴尔季风咖啡也可用来冲泡意式综合咖啡。有的公司用这种咖啡豆搭配其他两三种阿拉比卡咖啡豆，调制出极具“异国风味”的意式综合咖啡，增加了咖啡的口感和甜度。

重要的是，刚烘焙好的季风咖啡豆要放两天，不论用虹吸式或滤泡式冲泡都会使咖啡更好喝。如果依口味来分的话，榴梿是水果之王，那么印度的马拉巴尔季风咖啡就是当之无愧的“咖啡之王”了。

也许你没听过越南咖啡，但一定听过越南有名的滴漏咖啡法。多少对咖啡痴迷的爱好者的梦想就是拥有一套越南产的精美咖啡器具。不知其味，却迷其神。全世界，大概只有越南咖啡真正做到了用自己的力量改变人们对咖啡的认识。

越南咖啡

细腻提神的浓郁味道

当如今的社会新闻还把眼光聚集于“越南新娘”、贫穷等词语时，越南却早以咖啡之名悄悄地走向了世界，成为仅次于咖啡出口大国巴西的强劲对手。如今作为世界第二大咖啡出口国，越南以制作三合一即溶咖啡的罗布斯塔咖啡豆为大宗，其产量已达全球的四分之一还要多。众所周知世界著名的咖啡零售商星巴克、雀巢都已经成为越南咖啡出口大客户名单上固定的一员。

如此卓越的成就，并非因历史之名，事实上越南开始种植咖啡的历史并不久远，咖啡真正进入越南还是在法国人登陆越南，开始长达一个世纪之久的殖民统治时才逐渐开始。把咖啡当作日常生活一部分的法国人将他们的咖啡精神发扬光大，把他们最引以为自豪的休闲饮料——咖啡带到了越南，从此咖啡便在这里生根发芽。

历史的车轮一直在滚滚向前，现在的法国人早已经退出了越南的政治舞台，但毫无疑问的是，100 年的殖民统治对一个国家的影响是难以磨灭的，咖啡作为法式文化生活的一部分已经成为越南文化的一部分被传承了下来。时至今日，走在越南街头，如果不是那炙热的太阳和熟悉的亚洲面孔，随处可见、数不胜数的露天咖啡馆也许还会让人误以为自己身在法国。比法国更原汁原味的越南咖啡让越南在亚洲的国家中突显了自己的文化和与众不同的越式风情。

当网购成为时尚的生活习惯，大家对越南咖啡认识的途径越来越多。无数的咖啡迷们在叫卖着越南咖啡，当我们走近它开始了解，虽然越南咖啡走

据说，早期越南的野鼬喜欢摘食咖啡豆，由于野鼬无法消化咖啡豆，因此只能将其通过分泌某种特殊的消化酶加以排出。隔天，咖啡工人便会从野鼬粪便里寻找完整的咖啡豆，洗净晒干后佐以奶油烘焙，最后产生出类似巧克力风味的咖啡。由于其特殊的“生产”过程，此种咖啡产量稀少，因此价格昂贵，和印尼的麝香猫咖啡一同被视为全世界顶级的咖啡。

入历史的时间并不算长，却早已经完成了自己在历史中出场，以独有的风情一现征服了世界的味蕾。越南最有名的咖啡是中原咖啡与高地咖啡。而中原咖啡的历史其实并不算长，其创始人也是现任总经理邓黎原羽。

邓黎原羽 25 岁时与三个好友在越南中部咖啡产地——邦美蜀创立了中原咖啡，除了希望将越南咖啡拓展到全世界，也期待通过咖啡来改善当地少数民族的生活，而该民族的名称就是中原。十年来，在天时、地利、人和的条件配合之下，中原咖啡已经成功地跃上国际舞台。

2000 年起，中原咖啡更是连续七年荣获越南最佳产品奖，成为越来越多的咖啡爱好者的心仪产品。目前中原咖啡在越南有 400 家连锁店和 1000 家加盟店，而他们所生产的咖啡也销到美、加、英、德、荷、瑞典、俄、乌克兰、澳、日、新加坡、中、東、泰等全世界 40 多个国家。

不同于本土化的中原咖啡，高地咖啡走的完全是国际化路线，所以也被大众美称为“越南的星巴克”。高地咖啡的标志非常醒目，远远望去户外雅座充斥着世界各地的不同语言，穿着统一红黑色系制服的服务员，刻意营造的灯笼式光纤配上慵懒的沙发，吸引着大批外国观光客、商务人士及摩登的西贡小姐的陆续到来，风华绝代地成了人们迷恋与珍惜的对象，同时也满足了越南经济发展中出现的中产阶级。

尽管两者风格并不相同，甚至可以说相差较大，但不用怀疑的是无论是哪一种越南咖啡，都有一个共同的特色，那就是它拥有一种不同于欧亚布尔乔亚咖啡文化的“韧性”，而这韧性来自于其不断的“混血”。从当初与法国咖啡文化结合开始，越南咖啡始终不断地在继续着“混血”，并广受好评。

殖民时期留在越南的法国后裔把咖啡当作每日的茶点，越南本地人也深受影响，可以说喝咖啡已经成了生活在越南的人们最重要的生活方式。在越南最特别的咖啡冲泡方法是滴漏式，最初由法国人发明，虽然这并不是越南人的独创发明，但是如今却只有在这里才能感受到最传统最地道的咖啡冲泡法。

越南咖啡的风情体现在冲泡过程的特别，这大概是别的任意一款咖啡所无法比拟的特别之处。一种咖啡以冲泡方式而闻名，大概也属于少数。更奇妙的是，不管是中原咖啡还是高地咖啡，咖啡的风情都寄托在一个小小的简易的滴漏壶上。

滴漏——就像沙漏在计时一样，原始、朴拙，而又不乏乐趣与品质。“在法国，我只看过祖母用这种滴漏壶喝咖啡”，这是一个有感而发的法国人的评价。可以说，这种独具一格的越式滴漏咖啡壶如今已经令全世界都为之着迷。虽然这种滴漏壶一次只能制作一杯咖啡，但由于其比例和时间容易控制，且易携带、收纳，清洗方便，所以成为很多家庭的首选。如果要找出缺点，那也相当容易。滴漏咖啡壶的最大缺点就是筛孔大，难免会有微量的咖啡渣漂浮其中。但不用担心这会影响到越南咖啡的品质，或者说这似乎就从未影响过越南咖啡的品质与魅力。

制作一杯地道的越式冰咖啡需要七分钟。中等颗粒咖啡粉（避免滴漏时残留太多渣滓）、滴漏壶、炼乳、冰块（一定要够大够多，因为咖啡在先热后冷的交替作用下才能散发最极致的风味）、一高一矮透明玻璃杯（用以观赏滴漏的乐趣）、96℃

—100℃的热水，只需要用七分钟的时间营造了一个咖啡的天堂。这是唯有咖啡爱好者才能真正走近欣赏的美好世界。

等待是为了更好的那一杯，只有经过热水充分浸泡的咖啡粉才会释放出最正宗的味道。之后再按自己的口味混合糖或奶，越南人喜欢在热咖啡里放很多糖和甜腻的炼乳，咖啡颜色深厚，喝到嘴里味道也更加浓郁，回味无穷。

或许，只有在越南这样的地方才能够花上七分钟等待一杯咖啡，然后再花上几个小时来品尝，这里的人们仿佛永远都在度假，满街的咖啡香气让整个城市都散发着安逸的气息，伴随着炎热的气候及那平和悠长的越南语音，一切都那么悠闲而自在。

越南咖啡档案

风味：香味较浓，酸味较淡，口感细滑湿润，香醇中有些微的苦点缀，甜腻有余。

烘焙建议：中度至深度的烘焙。

咖啡豆大小：★★

咖啡酸度值：★★★

口感均衡度：★★★★

越南的咖啡馆简直多到数不胜数，三三两两的咖啡小馆成群结队涌入人们的眼帘，挤满人们的生活。在这个城市，咖啡是生活，是习惯，是追求，也是一种最自然的浪漫，这种浪漫的生活情调，这种咖啡也只属于越南。

越南咖啡富有浓郁的气息，香味较浓，酸味较淡，口感细滑湿润，香醇中有些微苦点缀，甜腻有余。在越南这样世界优良的咖啡产地，使用越南知名的奶油烘焙咖啡豆的方法，能轻易地找到好喝的咖啡。即便是最简易的用手推车卖咖啡的小贩，也不会在制作咖啡的过程中偷工减料，因为他们知道用最经典的滴漏法冲泡的最纯正的咖啡味道才是越南人最钟情的。

配合味道独特的越南咖啡，越南的咖啡馆也有

很多种类。一类是拥有固定店面的咖啡馆，和大多咖啡馆一样，为顾客提供各式咖啡及一些点心，人们大可以选择在这里消磨上半天。在越南，这样的咖啡馆几步数家，在繁华的街市更为普遍，简直是三步一店。另一类越南咖啡馆是露天咖啡馆，随便的地方倏忽间便从街道深处巷子的家里冒出别致的小高脚桌和几张椅子和一个人，树荫下、阳伞下，街头的咖啡香气自然充斥在空气中，喜欢日光浴的人们便会随意地坐下来点上一杯，一边欣赏街头不断驶过的摩托美女，一边享受口味醇厚地道的越南咖啡。还有一类是更为特别的咖啡风景——一个手推车、一位打扮超酷的越南男孩奔走活跃在大街上。这种流动的咖啡馆其实是最受欢迎的，它们遍布大小街头，游走在城市中间，哪儿有生意就会停在哪儿。行人们如果想喝上一杯，只需要招手示意，就可以享用了。

越南的滴滤咖啡杯是一个样式古老的印花玻璃杯，它一滴一滴盛着精致的咖啡，美妙的时光随着滴漏慢慢研磨出自己的味道。这种特制的滴漏壶，简单而又精巧，铝制或不锈钢制的直径 7 厘米左右的圆筒，底部是密密麻麻的小孔，把半研磨的咖啡粉平铺在筒底，压紧盖子，放到已经调味好的咖啡杯上，倒上热水，然后等待。咖啡粉被热水完全浸泡过后，香醇的咖啡便会顺着筒底的小孔一滴一滴地滴到下面的咖啡杯里，这样滴完一杯咖啡至少要 7 分钟。通常制作一杯咖啡需要大约 10 分钟，有时会用热水蒸腾咖啡杯保持咖啡的温度。

喝咖啡已经成为越南人的日常习惯，在越南咖啡馆很常见，消费也很便宜。可以说完全不用担心在越南是否能够喝到好咖啡，更不用担心街边的小贩的冲泡咖啡水平，任何一个你所遇到的咖啡壶都有足够的自信提供给你真正好喝的高品质咖啡。

但是，喝热咖啡不是越南人的绝活，他们也不屑喝。东南亚热带气候下的越南人更钟情于冰咖啡，经过上述过程炮制好一杯咖啡之后，把碎冰块填满整个杯子。这里的冰块是很有讲究的，一种是管状的冰块，大约是直径 1 厘米中空的冰块管，这种形状的冰块最受欢迎，它能够让热咖啡迅速遇冷并与冰块充分融合产生一股奇特的混合着奶油的咖啡香，而且喝完咖啡冰块也刚好化完，不会浪费。另外一种是 2 厘米见方的实心冰块，用这样的冰块冷却咖啡速度较慢，味道也不如前者。再有一种就是用刨冰机磨出来的碎冰碴了，这种冰碴适合想要解渴的人们，倒入热咖啡后冰碴完全溶化成了冰水，冲淡

McCafé

了咖啡的味道，更像是在喝咖啡调味饮料。

这种慢工出细活的咖啡饮用法，恐怕也只有性格温良的越南人才能完成。做完一杯咖啡，再慢慢地品咽下去，其中的风情实在不是坐在咖啡店里，将咖啡作为一种快速消费品的人士能体会出来的。

越南咖啡又被誉为“高品质咖啡的代言人”、“亚洲咖啡的杰出代表”，这些美誉的获得，与其地理位置密切相关。越南十分有利于咖啡种植，越南南部属湿热的热带气候，适合种植罗布斯塔咖啡，北部适于种植阿拉比卡咖啡。

越南咖啡盛名在外，主要得益于以下几个优势：一是由于没有有效方法处理落叶，因此，在 20 世纪 80 年代早期，就选择了优质的中粒咖啡作为主栽品种。二是以种植技术为参考依据，确定了咖啡种植方法，即在越南南部湿热气候条件下，高密度种植、大量灌溉、过度施肥、不种植遮阴树以获得最大产量，充分发挥中粒种咖啡的生产能力，在越南的许多咖啡种植园单产 3—4 吨每公顷，有些种植园单产甚至高达 9 吨每公顷。三是加工技术方面，主要是充分利用越南中部高原旱季的太阳能干燥法加工咖啡。

越南人喝咖啡喜欢加入一层很甜很甜的炼乳，黑色的咖啡和白色的炼乳混为一体，成为一种甜腻的传递。

咖啡之于越南，就好像茶对国人的重要，那是一种深入骨髓的渗透。虽然越南生产咖啡的历史比较悠久，但是其生产规模的发展和扩大却是从最近的 25 年才开始的。在经历了 2001—2005 年世界咖啡市场起伏不定的危机后，越南咖啡业蓄势勃发，在 2006 年，为世人交上了一份满意的答卷：越南 2005—2006 年生产咖啡的数量为 81 万吨（1350 万袋，每袋 60 千克），出口量达 776 吨（1290 万袋），出口金额增长了 35%。

2010 年，拉美国家在国际咖啡市场上的霸主地位受到亚洲国家的挑战。越南和印度尼西亚在世界咖啡出口国排行榜上名次的迅速上升已经引起人们的关注。

据南方共同市场出版的《拉美商报》报道，从 2000 年 3 月至 2001 年 3 月，越南出口咖啡 1250 万袋（每袋 60 千克），成为世界第二大咖啡出口国，把原来名声显赫的哥伦比亚挤到第三位。

目前，虽然越南的咖啡产量还不能与巴西相提并论，但是越南咖啡生产的发展速度却引人注目。亚洲咖啡产量增加的直接影

制作越南冰咖啡的咖啡壶

响是使国际市场上咖啡出现供大于求的局面。本年度世界咖啡总产量估计为 1.15 亿袋，世界咖啡消费量约为 1.05 亿袋，超量供应达到 1000 万袋。目前世界咖啡库存量有 4000 万袋。咖啡上市量的大量增加必然冲击咖啡价格。1995 年至 2000 年，国际市场上最优质的阿拉伯品种咖啡的平均售价是每磅 1.3 美元，但是 2010 年 5 月底，该品种咖啡的平均价格已下跌到每磅 0.6 美元。

越南咖啡种植面积约 50 万公顷，10%—15%属各国有企业和农场，85%—90%属各农户和庄园主。庄园规模不大，通常为 2—5 公顷，大型庄园约 30—50 公顷，但数量不多。越南咖啡在越出口的各项农产品中仅次于大米，名列第二。越每年约有 30 万农户从事咖啡种植，劳动力达 60 万人，在 3 个月的收获期中劳动力可达 70 万至 80 万人，因此咖啡业吸收了越全国劳动力总数的 1.83%，农业劳动力总数的 2.93%。

近年来，上述情况有所改善。由于供大于求，咖啡价格连续下跌，致使买方要求更高的质量，并向卖方增加要求，如普遍要求试尝样品，并以此作为结算付款的依据。越南咖啡工业必须及时提高加工水平。除客户要求更高的质量标准外，越南咖啡业还面临世界咖啡市场上的问题。现在，越南咖啡仍主要以干加工的罗布斯塔品种为主，咖啡收购回来利用太阳能进行晾晒。如收获季节遇到连续阴雨天气，就烧煤或柴来烘干。也有一些企业用搅拌机进行湿法加工。产量较小的阿拉比卡品种完全用湿法加工。

G7 咖啡

提起越南的名品咖啡，当首推 G7 咖啡。G7 又名中原咖啡，是西贡地区出名的咖啡品牌之一。其浓郁的牛奶香味，独特的甜味受到很多咖啡爱好者的青睐，也是许多办公室白领的最爱。G7 是越南市场上唯一的牛奶咖啡品牌，每年都要出口到美国、德国、瑞典、澳大利亚、加拿大等 40 多个国家和地区，不愧为世界知名品牌。

大理、阳光、苍山、洱海，云南总是以最自然、最原始、最无法抵抗的魅力吸引着大批的文艺青年、旅行家、梦想家，这其中还有一些满怀期待的咖啡爱好者，而他们的目标是云南思茅咖啡。中国也有咖啡？是的，中国也有咖啡，而且出现在我们最美丽的城市！

云南咖啡

温暖人心的苦味

云南咖啡的味道里有一股暖心的苦味，仿佛是在记录一段奇妙的际遇：一位传教士带来了一个日渐繁盛的咖啡产业；又或者是表达一种态度：云南的咖啡理所当然要品质出众。在短短一百多年的发展过程中，云南咖啡用它的醇香赢得了越来越多的拥趸。

一百多年前，云南还是中国一个普通的小山区。在其境内有一个叫作朱苦拉的地方还不为人知。朱苦拉，又叫“若客来”，彝语里的意思就是“弯曲的山路”。1892 年，由于法国传教士田神父的到来，将彝语的精华与法国人的浪漫结合，于是有了“朱苦拉”这个名字。同年，田神父在这个地方试种咖啡成功。时光飞逝，当年的法国人踪迹已经难寻，但至今朱苦拉乡却仍生长着有九十多年树龄的咖啡树 24 株。大概谁也没有想到后人会把朱苦拉叫作“人间天堂”，并在若干年后的今天以迤逦的风光与出色的咖啡令世界刮目相看。

朱苦拉是一个神秘、传奇、美丽的自然村寨，隶属于大理州宾川县平川镇朱苦拉村委会，位于金沙江支流渔泡江畔，这是一个大理州、楚雄州、丽江市 3 地交界的地方。

也许就是在一百多年前那个阳光和煦的下午，法国传教士田神父为了满足自己喝咖啡的需要，尝试用咖啡果在教堂门外繁殖了第一株咖啡树。令他高兴与得意的是，这之后自己竟然又培育成功更多的咖啡树，并一一栽种在教堂周围。从那时起，朱苦拉村开始了咖啡种植，村子周围从此就一直都被咖啡树包围着。更为令人惊讶的是，村里年纪最大

云南小粒啡各主要成分的百分比含量为：粗脂肪 17.1，还原糖 0.93，淀粉 3.07，氮 2.27，粗蛋白 1.419，灰分 3.70，粗纤维 19.33，咖啡因 2.14，蔗糖 9.20，水分 6.87，品质十分优良。

的两位老人已经八十多岁了，他们甚至共同见证了中国最古老的咖啡林的形成。

云南种植咖啡地区相对落后，但天生注定这是一个与咖啡有着不解之缘的地方。当地人除了数代以种植咖啡为生外，村民们都有喝咖啡的传统：自种、自磨、自煮，现在村子里不论男女老少都有喝咖啡的习惯。这里的村民和他们的先辈们一样，对咖啡树都有一种特殊的感情，即使咖啡豆没能给他们带来太大的经济效益，村民们也不舍得砍掉一棵咖啡树。

云南人烹调咖啡豆方法非常质朴，用土罐熬煮咖啡，虽然煮出来的咖啡味道不是最好，但这种原始喝法却体现了当地村民们对咖啡的热爱，也是对来宾的最高礼仪接待。独特而浓郁的原生态咖啡文化，让每个了解云南咖啡的人都不得不惊叹，这里不愧为中国咖啡第一村。

云南种植咖啡的地区主要分布在临沧、保山、思茅、西双版纳、德宏等地州。其中，保山潞江坝气温平均为 21.5℃，最高达 40.4℃，终年基本无霜。这里培育的小粒咖啡以浓而不苦、香而不烈，颗粒小而匀称，醇香浓郁，且带有果味，是公认的最佳小粒咖啡产地。

国际咖啡组织品尝专家在考察了云南咖啡种植及初加工基地后，将云南咖啡归为哥伦比亚湿法加工的小粒种咖啡一类，评价其为世界上最高品质的咖啡。

问下身边的很多人，中国是否有自己的咖啡，十个人里大概得有九个人摇头说：中国怎么会有咖啡？大多数人的印象里咖啡似乎一直都是舶来品。但是他们不知道的是，中国不仅有自己的咖啡，而且正在以独特的风格稳步迈向世界。

二十多年前，中国几乎不生产小粒种咖啡豆。如今，每年咖啡收获期，来自全国的采购商都会聚集到云南，抢购这里优质的小粒种咖啡。当地的咖啡种植面积和产量已占到全国的 98%；云南思茅地

区已成为雀巢（中国）公司全球小粒种咖啡豆的采购基地。小粒种又称阿拉伯种，常见的主要有两种：阿拉比卡种和罗布斯塔种。云南咖啡属阿拉伯原种的变异种，经过长期的栽培驯化而成，一般称为云南小粒种咖啡，已有一百多年的栽培历史。

咖啡品质决定于所生长的环境、气候和栽培管理技术等多种因素。它的最佳生长环境是纬度低、海拔高、雨量足、阳光适宜的地方，因此北纬15° 至北回归线之间是咖啡的理想生长地带，处于这个地带上的中国云南南部正好具备了各种条件。据专家测定，小粒种咖啡应种在海拔 800—1800 米的山地上，若海拔太高则味酸，太低则味苦。云南咖啡多数植于海拔 1100 米左右的干热河谷地区，所以酸味适中，香味浓郁且醇和。就气候条件而言，云南南部光照时间长，有利于植株的生长及光合作用，而且昼夜温差大，有利于咖啡养分的积累。

小粒种咖啡容易感染锈病，产生锈病后产量和质量都深受影响。云南热区由于干湿分明，每年鲜果红熟正好进入旱季，相对湿度较低，不利于锈病孢子的形成和生长。由于云南咖啡优异的品质，60 年代以“潞江一号”进入伦敦市场，就被评为一级品。

此外，怒江地区也是出产咖啡的好地方。由于怒江地区独特的高山河谷地形和较大的昼夜温差，延长了咖啡的成熟周期，这一变化有利于咖啡果实营养的蓄积，也是怒江河谷地区可以生产出较高品质咖啡的重要原因。

云南咖啡林属于阿拉比卡豆南小粒波旁和铁毕卡品种。现在，云南种植的阿拉比卡咖啡园已超过 2.1 万公顷。目前，云南思茅是我国咖啡种植面积最大的地区。自 60 年代云南咖啡以“潞江一号”进入伦敦市场后，就被专家评为一级品。近几年，著名的雀巢、麦氏等咖啡公司也都纷纷到云南开辟了原料基地，云南咖啡也逐渐声名鹊起，享誉海内外。

咖啡让云南的农民更加聪明。云南思茅咖啡是中国土地里种出的大智慧！也许，今天的你坐在星巴克、麦当劳、肯德基任意一家休闲场所怡然自得地品尝咖啡带来的惬意时，咽下的正是地地道道产自中国，属于我们自己的咖啡！

喜爱云南咖啡的人，将它视为全世界最好的咖啡，尊崇云南咖啡的人把它视作一杯情感，喝下去，绕身体一圈，把韵味和记忆留在脑海。保山、普洱、德宏、西双版纳……分布在云南各地的咖啡无一例外都是真实鲜活的、浪漫不羁的、带有喜怒哀乐的中国地道咖啡！

时光回溯到 100 年前，那时的云南还没有一棵咖啡树。然而，在一百多年后的今天，尽管云南咖啡还不为更多人所熟知，但无可争辩的事实证明，云南咖啡种植和产量均已占到全国总量的 98%以上，成为中国优质咖啡原料基地。

云南得天独厚的地理环境和气候条件以及特别的风土人情让云南咖啡渐渐成长为一位知性浪漫的优雅女士。综合了友谊、爱情、国家情怀在内的云南咖啡，仿若经历了多年沧桑后对人生看透，浑身散发出哲人气息的一位高贵女士，稳重不失活泼，香浓而不苦涩，巧妙的香甜里抖着一点点果酸味，向你提示着人生的不同境界。

咖啡品鉴大师生动地描述道：“首先是一种被幸福电击瞬间麻木的感觉，三秒钟以后才感到浓郁丰富均衡的口感，舌底涌出一点怡人的酸云南咖啡味。红褐色的克丽玛奶油平顺得流出，开始是整整一满杯，稳定下来的时候也有一厘米以上。”

较强烈的焦糖香味以及近似杏仁核果香气。从研磨时散发直到冲煮，再延续至入口到余韵一气贯穿。同时能够感受到较为柔和的果酸味以及隐约的甘味。总而言之云南咖啡让我们看到了中国在咖啡种植领域的美好前景，希望在不远的将来能喝到越

云南思茅咖啡档案

KAFEI DA

风味：口感顺滑，有坚果香味和酸味，香气浓郁。
烘焙建议：中度至深度的烘焙。

咖啡豆大小：★★
咖啡酸度值：★★★
口感均衡度：★★★★★

来越多的中国制造的好咖啡。

云南思茅咖啡质优味醇，煮泡之时便香气四溢，在国内外市场享有盛誉，曾在伦敦国际市场上被评为一等品，不少咖啡爱好者也纷纷称赞云南咖啡具有“神秘而特别的东方味道”。越来越多的咖啡爱好者也开始乐于谈论云南咖啡，分享云南咖啡的舌尖体验。浓而不苦，香而不烈，带一点果味的独特风味，已经成为云南思茅咖啡的世界特色。

云南思茅是目前中国咖啡种植面积最大的地区。喜欢咖啡的人一定知道，尽管中国云南思茅咖啡历史不长，但由于该地出产的咖啡质量均属上乘，是国外很多咖啡大国的抢购对象，所以即便是在国际市场咖啡暴跌时，思茅咖啡仍可以卖上好价钱。

目前云南省已成为全国最大的咖啡豆生产和出口基地，下一步目标是建设世界优质咖啡豆原料出口基地、全国最大的精加工生产基地和贸易中心。尽管前景光明，业界评价颇高，但由于多种原因云南的咖啡产业发展速度并不像我们期待的那么快。云南咖啡主要是以原料方式出口，2006 年云南咖啡出口量大约为 1.5 万吨，每年大约 60%以上的原料被全球知名的雀巢公司和麦氏公司收购。近年来尽管星巴克和安利公司等也加入了收购的行列，但由于国内尚缺乏咖啡深加工和市场推广的条件，致使云南咖啡出口量大，知名度却很低，被很多人忽略。不过，值得高兴的是，尽管如此，依然有不少外资企业正在纷纷涌入中国，欲染指中国咖啡市场。

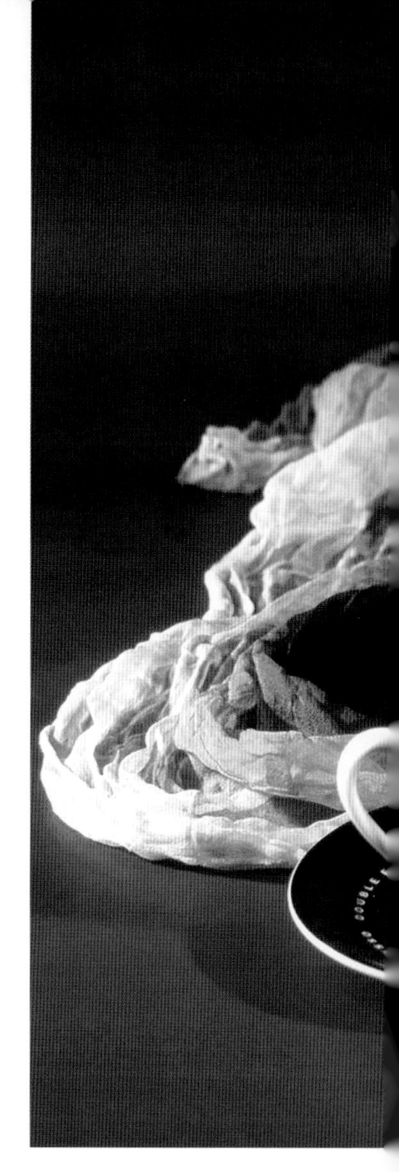

中国的咖啡业市场发展前景很值得期待，关键是要引导消费者，普及咖啡文化。2011 年 1 至 7 月，云南保山小粒咖啡出口达 1317 万美元，同比增长 27.4%。相信随着云南咖啡产业的深入发展、国内咖啡市场需求上升以及政府、企业各方面的努力，云南咖啡一定会迎来一个新的发展时期。

云南铁毕卡咖啡

云南铁毕卡（又称铁皮卡、帝比卡、蒂皮卡等）又称为老品种小粒咖啡，其产量低，栽培难度大，所以价格相比普通小粒咖啡要高出很多。铁毕卡本是咖啡豆的种类名，是众多阿拉比卡种之中最古老的品种之一。铁毕卡咖啡原产于埃塞俄比亚及苏丹的东南部，是西半球栽培最广的咖啡变种。

云南铁毕卡因独特的自然环境，适宜的海拔(平

均 1200 米左右)，与牙买加蓝山处于同一纬度（咖啡豆的黄金纬度），使得其口感不仅浓郁香醇，而且甘、酸、苦三种味道搭配完美。所以在 1993 年比利时博览会中，云南小粒咖啡铁毕卡品种获得尤里卡金奖。值得一提的是，由于铁毕卡在品质上与牙买加蓝山咖啡有一定的相似性，一些咖啡鉴赏家甚至很难将之与蓝山咖啡比出高下。

香气浓郁是铁毕卡的一大特色。即使是在中度烘焙下，云南铁毕卡闻起来都有很强的甘甜味。铁毕卡在入口时味道清澈、干净，果味突出但略带草腥味，但不影响整体口味，反而给人一种很新鲜、清新的感觉。酸性明亮但不刺激，甜味很明显，回甘突出但不算久。如此清新的咖啡，建议搭配甜美可口的焦糖口味巧克力。

热辣的草裙舞、火辣的阳光——谈起夏威夷，人们总会马上联想到关于夏威夷的两大代表。热情似火似乎是对这个岛屿的首选评价。但如果你认为夏威夷咖啡也同当地的风情一样热辣似火，那就错了。夏威夷科纳咖啡并非想象中那样给人们带来强烈个性的口感，它更像是一位在水边小憩的性感美女，以一种温和明丽的姿态呈现在杯中。

夏威夷咖啡

醇厚温柔的诱惑

跨越南北回归线绵延的咖啡带上，世界各地大大小小的咖啡产地参差不齐地分布在亚非美洲广袤的土地上。在咖啡的世界里，闪耀的星星何其多，有的咖啡有幸流传至今，供人们品评享受；有的咖啡却如流星般滑落夜空，在星光尚未消失之际，就流失在历史的长河中。夏威夷科纳咖啡经过百年的发展，无疑是让人印象深刻的咖啡品种。

在很多旅游者的心中与旅游指南中，夏威夷无疑是最为人所熟知的世界天堂。夏威夷群岛是由欧胡岛、夏威夷岛、茂宜岛、考艾岛和莫洛凯岛等137 个岛屿组成的岛群，也许是造物主不小心遗落

HAWAII
ROASTERS
100%
KONA COFFEE
HAWAII
ROASTERS

在太平洋上的一串佩饰，而夏威夷岛便是这串佩饰上最亮最大的那颗明珠。再细数一番，我们发现这里曾经走出了夏威夷王朝的统一者卡美哈美哈国王，也曾有世界降雨量最多的城市曦嵝，独特的火山公园奇观更是令人赞叹连连，所以毫不稀奇，这样一个充满造物主厚爱的小岛会成为咖啡带上流星降落的地方——科纳咖啡的故乡。

夏威夷最早的定居者在公元300年至400年的时候到达这里，历史学家猜测他们来自马科萨斯群岛。人们分散成不同的部落在岛上居住，并由世袭的酋长领导。最早的夏威夷居民创造了夏威夷丰富的音乐文化，虽然没有太多的文字保存下来。而欧洲人发现夏威夷则纯属偶然。他们原本是要寻找传说中一条可以通向生产香料的东方的通道，但是却发现了太平洋中最富饶的明珠。一位名叫詹姆斯·库克的船长于1778年在夏威夷群岛中的考艾岛登陆，补给他的船只。他在返航的路上遭遇严寒和暴风，因此，不得不在第二年年初又回到了夏威夷，并在科纳的一处海滩下锚。从此以后，夏威夷诸岛就成了世界贸易航海路线中重要的中途停靠港。夏威夷的酋长们用岛上的特产檀香木与过往的船只交换武器、货物和牲畜。

19世纪20年代开始，西方宗教开始在岛上广泛传播，至今仍然能在岛上发现许多当时建成的教堂还在使用中。1813年，一个西班牙人首次在夏威夷群岛中的欧胡岛马诺阿谷种植咖啡，今天，这个地方已经成了夏威夷大学的主校区。1825年，一位名叫约翰·威尔金森的英国农业学家从巴西移植来一些咖啡种在欧胡

岛伯奇酋长的咖啡园中。三年以后，一位名叫萨缪尔·瑞夫兰德·拉格斯的美国传教士将伯奇酋长园中咖啡树的枝条带到了夏威夷岛的科纳地区，这种咖啡是最早在埃塞俄比亚高原生长的阿拉比卡咖啡树的后代。直到今天，科纳咖啡仍然延续着它高贵而古老的血统。

夏威夷最早的咖啡种植采用大规模咖啡种植园的模式，而在当时，咖啡还未成为在全世界广泛种植的农作物，科纳咖啡的生产与销售几经起伏。第一次世界大战爆发以后，政府为了保持士兵的作战能力而为他们大量购买咖啡，需求的上涨引发了价格攀升，科纳咖啡也不例外。从第一次世界大战爆发到 1928 年的这一段时间是科纳咖啡的黄金时代。但是，随后而来的大萧条又给了科纳咖啡沉重的一击。1940 年，第二次世界大战使咖啡价格又一次上涨，为了避免价格过度上涨，美国政府为咖啡制定了价格上限，即使是这样，夏威夷的咖啡农还是获

得了不少实惠，他们运送咖啡果的交通工具在这个时期统统由毛驴换成了吉普车。

到了20世纪七八十年代，科纳咖啡的价格又经历了几起几落，但也就是从这个时期开始，科纳咖啡树立了自己世界顶级咖啡的地位。不过即使科纳咖啡已经蜚声世界，其产量依然保持在比较低的水平。

科纳咖啡豆也经常与世界上其他地方出产的咖啡豆一起被用来制作混合咖啡，混合豆会在包装上注明“科纳混合豆”。遗憾的是，这种混合豆中，科纳豆的含量可能非常低，在夏威夷可以使用“科纳”标签的混合豆中科纳豆的最低含量标准仅为10%。因此，如果你不是身处夏威夷的科纳，就很难拥有百分之百纯正的科纳咖啡豆。

美国共有50个州，但在所有州中，只有夏威夷科纳咖啡是其中所出产的唯一顶级品种，自然美国本土成为最大的市场。夏威夷产的科纳咖啡豆具有最完美的外表，它的果实异常饱满，而且光泽鲜亮，人们忍不住称赞它是世界上最美的咖啡豆，并因此蜚声世界。科纳咖啡具有诱人的坚果香味，酸度均衡适度，就像夏威夷岛上五彩斑斓的色彩一样迷人，余味悠长。

高调地彰显自己的美丽是夏威夷热情豪放的表达方式。在夏威夷热辣的小岛上，享受阳光、白云与当地风情，自然少不了科纳咖啡。

夏威夷科纳地区的南部和北部分布着冒纳罗亚等几个活火山，整个咖啡带南北绵延约30千米，分布在海拔250—750米的地区。岛上肥沃的火山灰土壤，湿润的气候和充沛的降水，特别是该地区独有的小气候——大多数晴朗的日子里会在下午两点左右有云层游过，为咖啡生长提供了必需的阴凉，使得咖啡豆更加饱满而味道丰富，这些为咖啡的生长提供了得天独厚的优良条件，再加上本地咖啡农的精心管理，使科纳咖啡成为不可多得的精品。再加上科纳现有的土地和种植规模有限，年产量较低，所以更使得科纳咖啡成为难得的精品。

与当地的火辣辣的氛围与风土人情相反，科纳咖啡显得更为娴静。凡是喝过科纳咖啡的人都有一样的感受：科纳咖啡并非想象中那样给人们带来很强烈很个性的口感，相反，更多时候它都是以一种温和明丽的姿态呈现在杯中，极度柔和，柔和得像太平洋夏日清爽的海风，入口首先是轻微的酸度，更多是酸、苦、甜在口中的完美调和，饮后会有糖浆的甘甜隐隐回荡……夏威夷科纳咖啡在娴静的沉默身后展示了自己的不俗魅力，这样的咖啡，就如同流星般闪过，可遇而不可求。

科纳咖啡种植在夏威夷西南岸、冒纳罗亚火山上的斜坡上。就风味来说，科纳咖啡豆比较接近中美洲咖啡，而不像印度尼西亚咖啡。它的平均品质很高，处理得很仔细，质感中等，酸味不错，有非常丰富的味道，而且新鲜的科纳咖啡香气浓郁。如果你觉得印度尼西亚咖啡太厚、非洲咖啡太酸、中南美咖啡太粗犷，那么“科纳”可能会很适合你，因为科纳咖啡就像夏威夷阳光微风中走来的女郎一样，清新自然而令人难忘。

夏威夷咖啡的尊贵品质与其独特的气候环境密不可分。尽管这里经常遭受飓风的侵袭，但是整体气候条件对咖啡种植来说却尤为合适。充足的降雨和阳光，又无霜害之忧，此外，还有一种被称为“免费阴凉”的奇特自然现象：在咖啡生长期内，每天下午两点左右，天空便会浮现出大量的白云，为咖啡树提供了必要的阴凉。这一独特的气候条件使得夏威夷科纳地区的阿拉比卡

柏图骨瓷咖啡壶

咖啡的单位产量比世界上其他任何种植园的都高，口味也更加香浓。

科纳咖啡用其独特的口感与快意引人慢慢进入品尝咖啡的超然状态，渐渐脱离尘世，获得精神上的一种自由飞翔。而这种世上罕有的魅力完全来自于岛上种植的最古老的阿拉比卡咖啡树和严格的咖啡管理机制。

夏威夷是旅游者理想中的天堂海岸，同时也是世界各地咖啡爱好者品尝和购买咖啡的狂野天堂。岛上常年有多个独具特色的地方专供游客和当地居民品尝和购买咖啡，这些店既有舒适温馨的休憩小站，也有介绍咖啡知识令人大开眼界的综合中心。除了碧海蓝天令人陶醉、乐而忘返的马尔代夫，夏威夷大概就是世界上第二个一生必去一次的人间天堂了。在夏威夷，你可以看着如火的夕阳沉入赤橙色的海面，感受着溢满花香的清新空气，同时坐在海边喝上一杯香浓的咖啡。世界上恐怕再没有其他地方能提供给一个热爱风景、热爱自由、热爱梦想的人这样风情的享受了。

真正的夏威夷科纳咖啡是比这种美妙风景更让人沉醉的一种风情。它带有焦糖般的甜味，口味新鲜、清冽，中等醇度，有轻微的酸味，同时有浓郁的芳香，品尝后余味长久。最难得的是，科纳咖啡具有一种兼有葡萄酒香、水果香和香料香的混合香味，就像这个火山群岛上五彩斑斓的色彩一样迷人。科纳咖啡的口味从总体上来讲还是属于比较温和的一类，它清爽、简单。如果你属于那种品尝咖啡之前一定要用咖啡的香味让自己慢慢进入状态的类型，那科纳就是适合你的咖啡，因为它不像蓝山咖啡一样像天生的皇帝，第一口就被征服；也不像古巴水晶山咖啡一样优雅地使人迷恋；科纳咖啡就像夏威夷阳光微风中走来的女郎，清新自然。

在所有的咖啡生产者中，夏威夷的咖啡产业管理处于最严格之列，付出的劳动费用也最高，具有最佳投资水平。夏威夷旅游业发达，当地的咖啡种植者不得不与日益扩展的旅游业竞争空

夏威夷科纳咖啡档案

风味：口感温和、微酸、入口柔滑圆润，回甘很好。

烘焙建议：低度至深度的烘焙。

咖啡豆大小：★★★

咖啡酸度值：★★

口感均衡度：★★★

间。多数咖啡树都被种植在冒纳罗亚山坡。冒纳罗亚原本是座火山，位于夏威夷岛科纳地区的西部。该咖啡产区的长度约为 30 000 米，其种植区主要集中在该地区的北部和南部。咖啡树种植在相对荒凉的地带，但是其土质含有火山灰，非常肥沃。虽然开始种植时需投入强体力劳动，经营又很艰难，但令人安慰的是，科纳的咖啡树很少受病虫害的影响。

科纳咖啡的优良品质当然也得益于适宜的地理位置和气候。科纳咖啡就出产夏威夷岛科纳地区的西部和南部，咖啡树遍布于霍阿拉拉和冒纳罗亚的山坡上，这里的海拔高度是 150—750 米，正好适合咖啡生长。咖啡树生长在火山山坡上，保证了咖啡生长所需要的海拔高度；深色的火山灰土壤为咖啡的生长提供了所需的矿物质；气候条件十分适宜，早上阳光温柔地穿过充满水汽的空气，到了下午，山地就会变得潮湿而多雾，空中涌动的白云更是咖啡树天然的遮阳伞，而晚上又会变得晴朗而凉爽，但绝无霜降。适宜的自然条件使科纳咖啡的平均产量非常高，可以达到每公顷 2240 千克，而在拉丁美洲，咖啡每公顷的产量只有 600 千克到 900 千克。

夏威夷是美国唯一一个种植咖啡的州，这些咖啡被种植在夏威夷群岛的五个主要岛屿上，它们是欧胡岛、夏威夷岛、茂宜岛、考艾岛和莫洛凯岛。不同岛屿出产的咖啡也各有特色，考艾岛的咖啡柔和滑润、莫洛凯岛的咖啡醇度高而酸度低、茂宜岛的咖啡中等酸度但是风味最强。夏威夷人为他们百分百本土种植的阿拉比卡咖啡豆而无比自豪。除此之外，在美国还可找到另外一种不错的夏威夷咖啡——夏威夷卡伊农场咖啡，其咖啡品质极佳，产量却很低。

经过了咖啡市场百年的起落后，现在大部分科纳咖啡属于卡美哈美哈主教学校庄园，这个庄园有600多位咖啡农从事生产，所有咖啡都经过精心管理和手工采摘，然后进行科学的加工处理。这才有了科纳咖啡扑鼻的香气，独特的口感，以及突出的地区特色，进而在国际竞争中脱颖而出。对于喜欢科纳咖啡的人而言，可以在科纳咖啡一条街上亲自调制科纳咖啡成为夏威夷旅游的最难忘的记忆。

在夏威夷科纳海岸这条狭长地带生产的科纳咖啡号称世界上最好的咖啡。由于其香气扑鼻，口感独特，并且具有突出的地区特色，因此在国际竞争中脱颖而出，成为咖啡爱好者争相购买的对象，价格一路走高。

享誉世界的科纳咖啡在本土也受到越来越多的重视，现在，夏威夷每年都会举办国际性的咖啡评比赛，而极具地方特色的咖啡文化节更是吸引了世界各地的咖啡发烧友。流星是美丽而转瞬易逝的，但这个流星般美丽的咖啡小岛，凭借其天时地利的条件，应该会在咖啡带的星空里持久闪耀。

真正的夏威夷科纳咖啡豆价值不菲，因为它除却具有世界上咖啡豆中最完美的外表——饱满、鲜亮，属世间珍品外，就算是在美国本土都很难买到夏威夷科纳咖啡正品。如此难寻的科纳咖啡，自然在分级上也非常严苛，最佳的夏威夷科纳咖啡分为三等，分别是特好、好和一般。这三等咖啡在庄园和自然条件下都有出产。现在市面上大多数自称为“科纳”的咖啡只含有不到5%的真正夏威夷科纳咖啡。

作为世界第一大咖啡消费国，夏威夷咖啡是美国唯一生产的咖啡，并且只能栽种在火山斜坡上，品种稀有，味道香浓、甘醇，且略带一种葡萄酒香，风味独特。上等的科纳咖啡有适度的酸味和温顺丰润的口感，以及一股独特的香醇风味。由于产量日趋减少，价格直追蓝山咖啡。因为独特的火山气候铸就了科纳咖啡独特的香气，同时有高密度的人工培育农艺，因此每粒豆子都可以说是娇生惯养的“大家闺秀”。由于咖啡树种植在相对荒凉的地带，这也给种植带来了很大的困难，需要投入强体力劳动，经营又很艰难，也增加了科纳咖啡的成本。

而且咖啡生产与种植的事实依然令咖啡迷们倍感遗憾，因为整个夏威夷科纳地区大约只有1400公顷的地方出产科纳咖啡。而且由于夏威夷的收入水平高，观光客又多，科纳咖啡的售价非常昂贵，甚至连混合而成的“综合科纳”（实际科纳豆的含量不超过5%）都有人高价购买。

Extra Fancy 咖啡海岛豆

Extra Fancy 是夏威夷科纳咖啡分级里面的最高等级，在清澈度和均衡度上都有着非常不错的表现，它浓郁高调的酸质，饱满的黏稠度和异常复杂的迷人香气，让人爱不释口。

Extra Fancy咖啡海岛豆拥有科纳咖啡豆的所有优点，比如果实饱满，光泽鲜亮，口味浓郁芳香，并略带肉桂香料的味道，酸度也均衡适度，就像夏威夷岛的美丽景色一样，让人迷恋。

生产 Extra Fancy 咖啡海岛豆最好的咖啡种植园无疑是地处科纳咖啡带中心位置的皇后庄园。该庄园面积达到了 960 亩，其咖啡产量占到了整个夏威夷科纳咖啡总产量的 10%左右，其中 70%以上为上等品。在 2009 年和 2011 年举行的夏威夷咖啡大奖赛中，皇后庄园的 Extra Fancy 咖啡海岛豆都是大赢家。

Extra Fancy 等级的咖啡豆每千克的价格在 1500 元左右，适宜于中度烘焙，推荐采用手工冲泡、虹吸壶制作。

咖啡是巴黎的骨架，少了咖啡，巴黎就没了精气神；塞纳河的左岸是巴黎的精神归属，没了左岸，巴黎就没了魂；花神咖啡馆则是左岸的精神领袖，没了花神，左岸就不会有今天的姿态。喝咖啡，不是在巴黎发明的，但是咖啡的文化，在左岸却是原点。凭栏驻足，一尊花神竟忙碌了一百多年……

Cafe de Flore
花神咖啡馆
巴黎左岸的精神领袖

【文化·精神家园】

左岸花了五个多世纪才成为巴黎的魂，而花神用了100年成为这里的领袖。若单纯地以咖啡馆的奢侈度、咖啡豆的昂贵度抑或是咖啡侍者的服务水准，花神咖啡馆很难排到第一的位置，但若要论咖啡馆的影响力，法国甚至是世界上都没有一家咖啡馆可以和花神相媲美。

花神咖啡馆以接待文化艺术界人士而闻名于世，可以说，来花神咖啡馆所消费的金钱，不是支付咖啡，而是灵感与创意。一百多年的历史中，毕加索、萨特、布雷东还有政治人物托洛茨基都在这里喝过咖啡。从20世纪初开始，“花神”就与现代文学难舍难分，它曾经是文化人交换政见与消息的地方，也是“存在主义”的启蒙地。一位学者如此描述道：“花神咖啡馆有着在别处找不到的特点——它的专有的意识形态。这一小批每天必至的常客既非放荡不羁者，也非完全的资产阶级分子，而主要是电影戏剧界人士。他们靠不确定的收入，挣多少就消费多少；或者靠未来的发迹生活。”“超现实主义”于1917年在此诞生，创始人安德烈·布鲁顿常驻足

于此；法国诗人阿波利奈尔则在馆中的一张圆桌上为“超现实”定名；《情人》的作者杜拉斯对“花神”也是情有独钟；“花神”还是徐志摩笔下的题材，他的散文写到了与巴黎人一起缠绵在咖啡馆，沉溺在浓浓的咖啡香中。

花神咖啡馆最传奇的人物是存在主义哲学家让·萨特和女性主义者西蒙娜·波伏娃。今天，在花神咖啡馆门口，依旧竖立着一块绿色的招牌，上面写着“萨特—波伏娃之地”。据人们回忆道：“个子矮小，喜欢身边有漂亮女人的萨特，也喜欢用咖啡因和兴奋剂刺激疯狂写作，想找他的人都知道来到花神咖啡馆。”这个个性张扬的家伙常常因为“主义的不同”而与他人大骂，甚至掀翻过桌子跟人打架，直到有一天他突然表现得很腼腆，那是因为美女波伏娃的出现。这对传奇恋人虽出身于比较守旧的富裕家庭，但从小就拒绝父母对事业和婚姻的安排，具有很强的独立性。两人因为共同的爱好、志向而走到一起，但终生没有履行结婚手续。波伏娃去世后，和

白金汉宫皇家御用茶具和咖啡具

萨特合葬在巴黎蒙帕纳斯公墓。

这就是花神咖啡馆，艺术、传奇、不羁，它自作主张，自立一说，甚至自己发展出一种影响世界的哲学。在这个风云的咖啡馆里，法国人对自己神圣而久远的历史有着执着的自信，着力想以此来抵御国外文化的侵入。法国的民众把花神咖啡馆放在了旅游书目录最为靠前的位置上不遗余力地标榜。诚如巴黎人常唱到的那样："花神咖啡馆，或许就是我心灵的一片净土，是半个家的地方。一日花神，终身花神。"

【环境·飘香场所】

波伏娃在写给萨特的信中写道："我在花神咖啡馆二楼写信给你，面对大街的厅堂里和露天咖啡座上有许多人。而二楼只有我一个。窗户开着，能看到圣日耳曼大街的树木。"

花神咖啡馆创建于 1887 年，位于巴黎第六区圣日耳曼街 172 号，原址在贝努特大街，是个小店面，现已改为花神咖啡馆的纪念品专卖店，因门前有一尊古罗马女神——花神的雕像而得名。如今的花神咖啡馆和相邻的双叟咖啡馆鼎立于巴黎左岸，成为巴黎左岸咖啡馆中最杰出的双雄。与双叟咖啡馆门前的“两个丑老头”相比，花神赢得毫无争议。花神绝非虚名，咖啡馆坐落在一片花海之中，馆内也跟周围一样地花团锦簇、绿意盎然。四四方方的一个厅，门前是玻璃房子的“冬天花园”，桌子、椅子都谈不上风格，舒适的长椅、镜墙、桃花心木护壁组成温馨柔和的画面。楼梯口的小柜子上面，有搁了近百年的棋子，美洲的雪茄，地上铺的还是那种看上去很古老的马赛克砖……角落摆放着一台似乎可以用手摇拨的公共电话，虽不是刻意放置的，倒像这一百年来他们都不曾换过装潢……

历史盛名，使得花神咖啡馆成了观光客的首选之地，这就造就了花神川流不息的场面，其中有些花神咖啡馆的侍者高挺着三十度角的鼻尖，让人印象深刻。凌晨4点到凌晨2点，这长达22个小时漫长的营业时间仿佛在告诉人们它的火爆程度。事实也是如此，除了清晨能有那么一两个小时的宁静，花神咖啡馆多数情况下是座无虚席的状态。厅里热乎乎的像个热闹的会所，各种客人围成许多小圈子，肩挨肩地喝着各式的咖啡，每次招待端盘子经过，都要有人挪椅子让路。早前的厅里还有一个用来取暖的大铁皮炉，这是萨特和波伏娃最喜欢的东西，如今都不见了。招待说，不是因为它不实用，而是太占地方。

不知是因为人们太懒，还是就想感受一番拥挤

好水、好豆、好工艺，再配上精致高贵的白瓷咖啡杯，一切都是如此美好。咖啡杯上的图案不浮夸，简单地印着“Café de Flore”字样。虽然Cafe Express Flore（花神浓缩咖啡）是花神的招牌咖啡，但是它的售价并非太高，4欧元就能满足愿望。值得一提的是，花神咖啡馆还提供可乐，只是一杯可乐的售价会高达6欧元，莫不是在说，谁对左岸的传统不恭，谁就该付大价钱？

的花神，咖啡馆的二楼总是显得宁静得多。二楼的风格是英国式装饰，简朴且幽静，是独思的好地方，萨特与波伏娃就是因为贪图这些而经常在此联袂出现。这里是个可以稍微逃离一楼那个喧闹世界的地方，让被烟雾和噪声轰炸的头脑有恢复思考能力的机会。独自地爬上二楼，仿佛一下子穿越了几个世纪，又或者陡然到了另一个时空里。窗台上摆满了盛开的鲜花，好像尘世的喧嚣与它们无关，招待它们的只有阳光。二楼的桌椅一字排开，享用咖啡的人正面朝南。圣日耳曼广场，从左手边一转弯就到；抬头，想看巴黎在美丽年代造的白色圆顶，也很容易。

【诱惑·挑逗味蕾】

在巴黎哪儿都可以喝咖啡，但就是不能错过左岸的花神。

若摒弃了沉甸甸的文化压力，清除掉盛名的挟持，花神美名依旧。数不清的白瓷杯组和白瓷壶，盛装热巧克力的银壶，印有花神咖啡馆地址的盘子、烟灰缸、火柴甚至是方糖。陈列馆的另一侧更为独特，一些珍贵的咖啡豆也会适时在这里呈现，蓝山咖啡豆、麝香猫咖啡豆、水晶山咖啡豆等都会限量限时出现，因为很快就会被抢购一空。当然，那本米白色衬着铅笔素描的菜单最受人欢迎，因为上面印着“我们在花神咖啡馆见面吧”。

花神见，已见不到萨特与波伏娃，也没了各持己见的主义之争，但优质的咖啡豆还在，招牌的 Cafe Express Flore 还在。这是一款极为浓缩的黑咖啡，选用古巴或者牙买加的顶级咖啡豆精心烘焙磨制而成，在少许奶油和方糖的配合下散发着浓厚的杏仁和水果混合的香气。因为香味过于浓郁，侍者常常会附赠一杯冰水。

因为古巴和牙买加的咖啡商人慕名花神的名声，都自愿将最好的咖啡豆送至此地，既是表达敬慕之情，又为自己的咖啡豆做了一次世界性的广告宣传，所以它的咖啡豆的品质一直都是最好的。除了古巴和牙买加的咖啡豆之外，花神咖啡馆还派遣有着数十年经验的咖啡师到各大顶级咖啡产区挑选最优质的咖啡豆。除了精选咖啡豆之外，咖啡的磨制方式也颇为独特，这是一门古老的技术，最早出现于 20 世纪初期的意大利。花神很早就

引用了这套系统，它通过蒸汽加压的方式来煮浓咖啡，压力使热水通过咖啡渣和过滤网，咖啡渣经过多次冲刷，从而进一步挖掘咖啡豆的香气，使得咖啡更加的香醇。值得一提的是，这些磨制咖啡豆的侍者都是从父辈那里学来的手艺。因此不论是咖啡的口感、香气都与几代人之前的咖啡相同。

一杯好咖啡，水质和咖啡豆的质量同样重要。花神咖啡馆采用的水源源自法国西南部尼聂镇（Nimes），该水源地亦是法国著名的矿泉水——巴黎水（Perrier）的供应地，作为世界上独一无二的天然含气矿泉水，它又被誉为“水中香槟”。巴黎水独特奇异的口感来自其丰富的气泡和低度钠及小苏打成分，是数百万年前地质运动的过程中，天然有气矿泉水与天然二氧化碳及矿物质的完美结合。

花神咖啡馆还在演绎着它的传奇。在一个多世纪的循序渐进中，它加了糖，加了奶，还加入了艺术、文学和哲学的精华，加了一份像黑咖啡一样浓厚的文化关怀，加了一种契合法兰西精神的浪漫基调，花神因此而成了一笔文化遗产、一种象征符号、一个时髦的形容词。

维也纳就像一段舒缓、华丽的旋律，有幸听闻便会在脑海中留下永恒的印记，充满灵性的和爱好生活的维也纳人有着天生的艺术家气质。一幅画、一尊雕塑、两三个台阶、三五十只鸽子、漫不经心的一首曲子，简简单单的一杯咖啡，生活在维也纳会不自觉地被艺术化，而中央咖啡馆又被誉为“浓缩的维也纳”。

中央咖啡馆

浓缩的荣耀维也纳

【文化·精神家园】

在谈到中央咖啡馆时，人们总是这样说：“每隔一张桌椅就坐着一位天才诗人、一个社会主义者，或是一个终身贵族、一位十二音列作曲家，或者至少有一个精神分析家；每份打开的报纸后藏着一个野心家、每场争执后藏着一个文学的果实、每杯咖啡后藏着人生的哲学。”

维也纳是奥斯曼帝国攻打欧洲的首战场，咖啡却成了维也纳唯一的战利品，尽管维也纳当时败得一塌糊涂；奥斯曼帝国征服欧罗巴的野心被击得粉碎，咖啡却成了欧洲唯一难以阻挡的“征服者”，尽管奥斯曼帝王从未称呼咖啡为武器，当初他们带

咖啡豆是为了满足士兵之需，未料反胜为败，也就仓促地把一袋袋的咖啡豆滞留在维也纳了。尽管中央咖啡馆绝不是维也纳的第一家咖啡馆，但一定是最受人尊敬的一家。这种尊敬是从心底发出的，难怪维也纳人会说："让我迷失在中央咖啡馆吧，那里是维也纳的天堂，咖啡的圣地"。

19 世纪末，维也纳曾经最负盛名的葛林斯坦咖啡馆歇业之后，取代它地位的就是创建于 1860 年的中央咖啡馆了。这个曾经在 20 世纪初期惊天动地过的地方，当时欧陆最出名的人物都曾聚集在这里，喝咖啡切磋讨论。社会上著名的人物皆曾是中央咖啡馆的座上宾：西奥多·赫茨尔、弗拉基米尔·伊里奇·列宁、阿道夫·路斯等都是这里的常客，于是文学家、政治家、艺术家、音乐家、哲学家都到齐了。若你还记得才华横溢却潦倒一生的舒伯特，那你一定听过那首凄美的《小夜曲》。据说，正是在中央咖啡馆，舒伯特激情澎湃，其朋友见状，赶忙在餐巾纸上画出五线谱，舒伯特握笔疾书，顷刻间美妙的音符如潮水般涌将而来。从此，《小夜曲》的天籁之声飞向温柔月光下的每一方土地。

但中央咖啡馆最著名的人物却要数彼得·艾顿博格（Peter Altenberg），人们总喜欢用他自己的诗歌来形容他："他不是在咖啡馆，就是在去往咖啡馆的路上。"这个在生前专门为贵族"写不入流的颂诗"的人后来又被现代学者称为"被人类忽略的伟大文学家"，诗中提及的咖啡馆正是中央咖啡馆。据说他生前潦倒不堪，几乎在中央咖啡馆赊了一辈子的账；在他去世后，他的塑胶像就放在咖啡馆进门处，成为迎接这家在近三个世纪风靡欧洲的咖啡馆的著名标志。艾顿博格本人的确以咖啡馆为家，人们若是问他的住址，得到的答案总是："维也纳一区，海伦巷，中央咖啡馆。"这位与中央咖啡馆分不开的文人，在中央咖啡馆里有个永久的专属座位，若你再次推开大门进到咖啡馆，入口右边就有他栩栩如生的雕像。1938 年，众多的国际象棋选手成为此地的常客，咖啡厅也因此赢得了"国际象棋学校"的美誉。

这便是 20 世纪初惊天动地的地方，当时欧陆最出色的人物都在这里流连，柱廊边上的书架堆着所有欧洲语言的报刊和百科全书！现在却空无一物，但绝非空得一无所有，人们从它面前经过，总是能听到一百年前的屏息喃语，又或者是辩论与音乐会，总是能感受到一个世纪前维也纳的尊荣华

你忧心忡忡，这也不顺心，那也不如意，就去咖啡馆！如果她不能履约前来，无论理由多么充分，去咖啡馆！你的靴子穿坏了，去咖啡馆！你的收入只有 400 克朗，却花出去 500 克朗，去咖啡馆！你一身俭朴，从不犒劳自己，去咖啡馆！你是一个公务员，却奢想成为一个医生，去咖啡馆！你找不到理想中的女朋友，去咖啡馆！你嫉恨和蔑视所有的人，却又离不开他们，去咖啡馆！谁也不想给你赊账了，去咖啡馆！

——彼得·艾顿博格《咖啡馆的诗歌》

丽，或是富丽堂皇。于是难免有人惋惜道：我竟晚来了 100 年。

【环境·飘香场所】

与它的邂逅就像偶像剧中描绘的一样唯美，一个人孤单地走在路上，穿过繁华的购物街和昔日的皇宫，从拥挤的人群和贵族的盛名中慢慢挣脱出来，就像是凡世的尘埃被剔净了，再突然一抬头，一座宫殿般富丽堂皇的咖啡馆出现了，进去，然后来上一杯咖啡，魂也就此洗了个通透。

中央咖啡馆位于维也纳一区海伦大街 17 号，比邻宏伟的菲尔斯特宫。造访这所从前诗人、作家和学者等经常聚会的传奇咖啡馆无疑会是一次特别的经历。这里的社交氛围、维也纳料理、家庭自制式甜点和优雅的钢琴弹奏让人深深迷恋维也纳的空气。

这个著名的咖啡馆是由维也纳公爵官邸改建而成，这里富丽堂皇的建筑结构和迷人的文艺气息一直是欧洲音乐界及文艺界人士的最爱。华丽的古典雕饰，厅堂高且敞，气宇轩昂，连侍者都有一种贵族气。作为观光客绝不愿意错过的一家具有悠久历史的咖啡馆，它的豪华气派以及与奥地利人一样内敛、传统的外观，成了中央咖啡馆给人的第一印象。在进入门厅之后，宽敞的厅堂和充满华丽大理石柱的装潢，让前来这里的客人都不经意地发出惊叹声。咖啡馆的中心是在大厦中央好几层挑高的巨大庭院中。庭院中有带有弧形的柱廊，花岗岩的宽大扶梯，上面还有玻璃篷的大屋顶。当年公爵府的后栋和 2 楼，被改为可以容纳 300 人的豪华宴会

CAFE CENTRAL
WIENER KÜCHE
CAFE CENTRAL
RESTAURANT

厅，但只有在特殊的时候才会开放，而距离上次泰国航空在这里大宴宾客已经有 5 年了。

值得一提的还有报纸桌，报纸桌是中央咖啡馆不可缺少的组成部分。花几个银币（买一杯咖啡）就能坐在咖啡馆里浏览全世界的新闻，在从前可是一种奢侈，这不可避免地使得中央咖啡馆很快成了当时知识分子和艺术家们会面的场所。细心人还能在这里的报纸桌上找到一本册子，上面甚至列出了200 份在维也纳可以阅读到的报纸。可见，分享消息和享受美味在中央咖啡馆里同样重要。

如今的中央咖啡馆，少了些文学家，多了些游客。不过维也纳人一向维护传统，老招待们随身携带着 20 多种咖啡颜色牌，随客人挑选不同的饮品和食物。不管客人点了什么，都会用一面如镜的银盘盛装，附上一杯水，水杯上摆着一只银汤匙，就像一百年前那样。

音乐在这里是无形的侍者。品咖啡，耳畔响起圆舞曲之王小约翰·施特劳斯的音乐，这座承载着大量古典艺术和历史的王朝，原本显得有些暮气沉沉，但此时此刻人们的五官俱开，味蕾是咖啡，眼睛是街头艺人的表演，耳朵还悠悠传来《蓝色多瑙河》，或是那首凄美的《小夜曲》……

【诱惑·挑逗味蕾】

到中央咖啡馆的人都知道，喝一杯米朗琪咖啡是必需的，就像蓝山是牙买加的专属，卡布奇诺是意大利的正统。咖啡对中央咖啡馆的忠诚，待遇等同音乐与华尔兹，它们，同为维也纳灵魂的具象写照。

作为欧洲门面最高贵的咖啡馆，中央咖啡馆富丽堂皇的建筑结构和迷人的人文气息是这里一直深受欢迎的主因，其中“首功之臣”当属这里的米朗琪咖啡。米朗琪的原名是“mélange”，在法语里是混合物的意思，米朗琪就是在咖啡里加打过的奶油，是维亚纳很多咖啡馆的传统品种，但要数中央咖啡馆提供的最为正宗，它奶香浓郁，迷倒过不少客人。若站着喝，5 分钟就够了，原因是这杯咖啡喝起来极顺口，温度又不至于太热。

有趣的是，这里站着喝咖啡的人都是赶时间的观光客，维也纳人一点也不赶时间，只管沉沉地坐着说话。这是一种把咖啡和牛奶混合以后的饮料，特色是咖啡和牛奶并不是相伴相和，而是起先各自为政，入口后方你浓我浓。奥地利是高消费的国家，只有咖啡价格平民。

人们喜欢中央咖啡馆米朗琪咖啡的理由也很单纯，仅仅因为它的奶油最为单纯。这是一种经过特殊加工的鲜奶油，既非鲜奶，也非液态奶，而是一种细软、略带泡沫却又柔软紧密的奶油，香甜而浓稠，丝滑却不腻口。“再来一杯！谢谢！”几乎大多数来到这里的客人都是如此地善待他们的舌尖。

在中央咖啡馆里点咖啡，绝对不像在巴黎的咖啡馆“黑咖啡”、“牛奶咖啡”那么简单：咖啡浓一点的、淡一点的、不同热牛奶比例、加奶泡、加鲜奶油、加打发奶油或是加各种利口酒等，几乎令人眼花缭乱。冷的维也纳，热的米朗琪，只有在中央咖啡馆里才有不分四季的热络。

中央咖啡馆另一大特色是被誉为“维也纳的文化遗产”的皇帝咖啡，它还是维也纳近乎失传的珍

在中央咖啡馆的最初的咖啡，如今衍生出多种多样新的种类和口味：

摩卡咖啡：一种小分量的黑咖啡，另一种“大杯摩卡”指的是双倍分量的摩卡。

褐色咖啡：褐色咖啡是指摩卡加鲜奶油。侍者会用托盘送上摩卡和一小盅鲜奶油，客人自己动手混合成褐色咖啡。

弗朗西斯卡奶泡咖啡：名字似乎与宗教有关，其实只是在少量黑咖啡中加入大量牛奶和一些掼奶油（又称搅打稀奶油），再撒上一些巧克力碎屑。

艾斯班拿咖啡：一种装在有耳玻璃杯里用掼奶油覆盖的摩卡咖啡。

玛丽亚特蕾西亚咖啡：以奥地利女皇命名，一大杯摩卡咖啡加入橘子酒、砂糖和掼奶油。

马车夫咖啡：马车夫咖啡是在稀释并加糖的浓咖啡里加入朗姆酒，有时也会加入白兰地。

品咖啡。皇帝咖啡由传统咖啡加上蛋黄和白兰地酒混合而成，甜而不腻，满口都是顺滑的感受，从唇舌间游走直到坠入心田。皇帝咖啡选用的是来自埃塞俄比亚的顶级咖啡豆，一丝丝酸味、一丝丝酒味、一丝丝奶香在唇齿间纠缠。有趣的是，提供这款咖啡的人多数是有气质的侍者，因此欣赏他们制作皇帝咖啡也成了中央咖啡馆的一大风景。

需要提醒的是，千万不要贸然赤手去端杯子，因为杯子事先都是高温加热过的，以保证整杯咖啡的持续温热。皇帝咖啡最好再搭配一块这里最受欢迎的栗子咖啡蛋糕，口味更是一绝，连弗洛伊德等

这款由中央咖啡馆主厨亲手制作的糕点兼具色香味形，松软的球型让人感受到了扑面而来的香气，不用急于用手，绅士的糕点师在球形的上端加了一个拿捏的金色线。稀松的糕点表面泛着点点亮光，成就一种不容抗拒的诱惑。

CAFE
CENTRAL
WIEN · SEIT 1876

名人都不会错过。

这么说吧，就在中央咖啡馆里，有无数人和弗洛伊德、艾顿博格等名人一样，仅仅为了一杯咖啡，而愿意花上很长的时间泡在咖啡馆里。当然了，谁也没法拥有艾顿博格的幸福，因为他是在这里过世的，他在人世间呼吸的最后一口空气，都是中央咖啡馆的咖啡香。

来此一趟，做遐想即可，在幻想里陪那些书写历史的前辈“同道”喝一个下午咖啡。抑或是面对着墙上挂着的奥匈帝国最后一位握有实权的皇帝与皇后年轻时的画像，循着这位君王的指引，啜饮着“米朗琪”咖啡，仿佛又置身维也纳的荣光时代。

它曾是皇帝的私享物品，那个能够将马掌折断的奥古斯都大帝给予了它皇族的基因；它曾是欧洲上流社会的符号，那位貌美仁慈的茜茜公主给予了它皇室的血脉；它是今天当之无愧的“瓷器之王”，用皇室的尊贵去描绘最细腻的生活，又用萨克森的双剑守卫贵族的尊严。

梅森瓷器咖啡具

皇族“瓷”情

【文化·传承】

瓷器的生命来自于泥土，又经受过水火的考验，与水相济，驭火琢魂，然而有的只是砖瓦泥胚，平凡至极；有的却是皇家御用，无上荣耀。来自德国的梅森瓷器便是当今瓷器品牌中的至尊，它以皇族的名义出现，又以皇族的身份受世人膜拜，这个堪称“白色的金子”的奢侈艺术品，依然演绎着专属贵族的生活艺术。

五百多年前，对于只会陶工艺的欧洲人来说，瓷器艺术就是一种梦幻的魔法。所以在1607年，法国太子用一只瓷碗喝肉汤便可算是很了不起的事情，那时只有国王和大贵族买得起这种珍品。直到1708年，炼金师贝格这套从 1772 年在阿姆斯特丹沉没的圣·米歇尔号货船的残骸中找到的梅森咖啡具，原本是伊丽莎白女王一世的专属供给物品，自出事后留存至今依旧完好如新，栩栩如生的人物刻画以及流畅的色泽，展现了两百多年前的欧洲瓷器的最高工艺，该瓷器组目前保存于芬兰海事博物馆内。

特才发明了白瓷工艺。而此时的欧洲，最具有影响力的帝王——萨克森奥古斯都大帝偏偏是一个“瓷器分子”，他曾用一队骑兵和波斯商人换过 48 件中国瓷花瓶。在得知炼金师的成就后，不满足收藏瓷器的奥古斯都大帝便用政令将贝格特带到了萨克森王国，并成立了专为大帝服务的瓷器厂，为了保护瓷器制造的秘密，奥古斯都大帝责令将瓷器厂迁往梅森的艾伯特堡，这才有了今天的梅森瓷器。

300 多年的时间里，梅森表现出了与时俱进的自信态度。梅森瓷器的每一位彩绘、雕塑师都必须经过数十年的艺术与技术培养，能在每件创作上融入不同时期的艺术风格。在 1710 年之后的 30 年间，梅森瓷器的容器形式和装饰图案主要是设计后的东方元素以及欧洲银器模式，后来主题逐渐加入反映现实的海港和商业场景。俄国叶卡捷琳娜女皇在 1772—1774 年间定制了大批的梅森瓷器作品；1918 年后，受

新艺术风格影响，梅森瓷器又迈入了现代风格；在“二战”后的一段时间内，“社会主义美感”又成了梅森的特色，而1989年至今，新一代的艺术家开始了新的设计，把传统的梅森带入创意时代。

这些变化和创意并不是凭空的，而是建立在铭记经典的基础上。在今天的梅森藏品中，每件都是独一无二，安静地记载着各个不同时期的历史。例如表现17、18世纪欧洲人对中国狂热的“东方图腾”系列；表现阿拉伯风情的“一千零一夜”餐具系列；记录欧洲“七年战争”后中产阶级思潮兴起和社会变革的瓷偶系列等。从萨克森公国时代至今，梅森瓷器始终是欧洲王室、明星和政治家追逐的对象，很多具有历史意义的梅森瓷已经价值连城了，甚至一些上流社会的婚嫁，娘家都会选择梅森瓷器作为嫁妆以表达娘家的地位和财力。奥匈帝国皇后茜茜公主当年收藏的几千件梅森瓷器，现在总价值超过了几千万欧元；拿破仑登基时的御用品“凡尔赛玫瑰”系列，价格也已经翻了几十倍不止。即使没有任何名人使用过，一套早年的“一千零一夜”也价值超过数十万欧元，并被玩家们追捧。

如今，以萨克森王国的双剑作为品牌符号的梅森瓷器已然成了这个时代最金贵的瓷器之王。在传承文化的过程中，它还扮演着一个领袖的角色，任何的宫廷装饰，若缺少了梅森瓷器都会缺少一个档次；任何的家族会议，若没有梅森瓷器的出现，都会显得暗淡许多。更为神奇的是，它一直被欧洲的瓷器生产者所模仿，却愈发充满创意和活力，双剑所坚守的贵族领地，从未被攻克过。

【精品赏鉴】

在梅森博物馆中，瓷器俨然是一个个有生命的艺术品，只轻描淡写，那些神话传说和历史人物突然经受不了时空的禁锢，活脱脱地出现在了生活中；火中涅槃，那些皇族文化和生活态度突然从史书中挣脱开来，镶嵌进咖啡的香气里，铭记这段有柔和光线的日子……

一千零一夜咖啡具组

梅森的风格在三百年的历史中不断进行着变化，这款名为“一千零一夜”的咖啡具组便是“社会主义美感”风格到“创意时代”过渡中的经典作品。1974年，海因兹·威尔纳彩绘了“一千零一夜”(Arabian Nights)图案，这组珍贵的瓷器彩绘主题，既延续传统，又开启新的方向。因为这个以人物为主的图案，典雅浪漫又充满想象力，最大的特色是人物姿态生动丰富，背景还详细地描绘东方世界的屋舍摆设或秀丽风景。因而，这些图案完美地呈现了独一无二的现代梅森彩绘文化。

这种独一无二可以通过一段关于“一千零一夜”咖啡具制作记录表来知晓：“咖啡具需要整整126天的时间。从第1天到第3天，瓷器厂从12千米远处的赛里茨矿山开采出原高岭土，从白色泥团中提出30%的纯高岭土；第4天到第93天，把长石、石英和其他原料搅拌在一起，生产出制造瓷器的原材料，在潮湿的拱顶地窖里要存放约3个月等待‘成熟’；第94天，到海因兹·维尔纳的工作室了解图案的细节；第95天到第96天，雕塑工熟练地通过滚花和镗孔把有边有脚的杯体从模型上拿下来，再用海绵把表面洗干净；第97天到99天，巧手女工把手柄和还潮湿的杯体黏合起来并用一根模具木头把所有的精制部件突显出来，然后把干了的咖啡具放进一个燃烧天然气的炉子里烘烧，精炼温度达到900摄氏度；第100天到第101天，绘画师把交叉剑画到多细孔的瓷器上；第102天到第118天，有些釉底花色的杯子首先在烘烧过的瓷器碎片上绘画，并在釉液中冷浸泡准备在1400多摄氏度温度下烧制，这时温度决定一切，为了保证涂层不被破坏，杯边先不上釉，在涂层磨光并上釉后，杯子

梅森“一千零一夜”花瓶

24K 镀金手绘咖啡杯盘组

放进火不烈的炉子里进行第二次烘烧；第 119 天到第 121 天，咖啡具开始上釉花色，图案的色料是在瓷器厂实验室研制的，配方属于梅森保存最好的秘密；第 122 天，第一次画上花饰并放在 900 摄氏度的炉子里烘烧，颜色和釉融合在一起并闪闪发光；第 123 天到第 125 天，在花饰、边和把手上镶上金子，此时已完成了绘画，在第二次烘烧后对金子进行打光；第 126 天，咖啡具经过最后一次质量检查。”由此也不难理解，一套这样的咖啡具为何价值百万了。

24K 镀金手绘咖啡杯盘组

这套咖啡组于 1934—1945 年间制作而成，以高雅的设计、皇家的气质以及纯手工的精湛工艺成了梅森瓷器的百年经典的代表性作品。向来以“独一无二、完美无瑕”著称的梅森于2011年推出了该咖啡组改良版，同样是经过80多道工序纯手工制作完成，所用的色彩也都是按照六七十年前的秘方配制而成的，再经过有着数十年经验的陶瓷大师的精心打造，进而将百年经典打造成了新时代的经典。这一次，梅森选择了限量推出，该系列咖啡具组共生产了75套，每套茶具都有梅森独一无二的24K金编号及梅森黄金限量如意金标识底标，更有这些陶瓷工艺大师亲笔签名收藏证书。

该限量系列咖啡具全部采用超难工艺人工手绘釉下彩，配以24K金手绘各类繁花的图案，同时进行全手工制胚制作，在经过多次中、高温烧制而成。此青花茶具已被收录在梅森《2011限量收藏家年册》中，使得其收藏价值倍增。该系列中最耀眼的要数那只中小型的咖啡壶，壶嘴略高于瓶口，满身披着金色和青色的图案，青色构成了文化的深度，而金色则显露着皇家的气场。咖啡杯亦是金色与青色的结合，杯口直径7.5厘米，杯高6厘米，杯底直径5厘米，显眼的还有杯底的“双剑”标识。

凡尔赛玫瑰系列瓷器咖啡具组

提起凡尔赛宫，就不得不赞颂法国的辉煌，而提及法国，就不得不敬畏拿破仑的丰功伟业。在他的加冕仪式上，一组顶级的咖啡具在加冕典礼上显得必不可少，这便有了定制的“凡尔赛玫瑰系列”咖啡具。

这套于19世纪50年代即有的凡尔赛宫玫瑰系列咖啡具，是拿破仑登基的御用名瓷，也是300年梅森的镇牌之宝。薄如蝉翼的黄金是艺术家纯手工描在还未上釉的瓷器表面上，再进行烧制。边缘与器身普遍装饰有从罗马帝国时代流传下来的独具特色的葡萄叶纹路，呈现经典的皇家巴洛克风格。底色为梅森独家秘制的“国王蓝”（Royal Blue），以华丽的手工描金，勾勒流畅的瓶身线条，栩栩如生的花卉图案完全由梅森资深艺术家手工绘制，只有欧洲第一名瓷才能完美诠释拿破仑传奇皇室经典。

他是一名勇士，用一生的努力打破了东方人对瓷器的垄断；他是一位天才，用一生的心血去发掘美丽的陶瓷艺术。它是一位高高在上的帝王，足有250多年的历史，去驾驭宫廷贵族的骄傲，去征服上流宾客的高雅，然后再让整个人类，以玮致活的名义迷失……

WEDGWOOD

玮致活瓷器咖啡具

皇后的御用瓷器

【文化·传承】

250多年的历史不只让玮致活成为全球家居精品的领导品牌，其绵长的文化史，更代表了整个瓷器产业的演进史；从一个瓷器品牌，到旗下拥有数个品牌的居家精品集团，玮致活不只是致力于与消费者一同创造更美好的居家生活经验，更将百年前的传世工艺，延续到今日。

享有“英国陶瓷之父”美誉的约书亚·威治伍德（Josiah Wedgwood）在1730年出生于英国伯斯勒姆的陶工世家。他才华横溢，不仅是一名杰出的科学家、艺术家，亦是一名成功的工程师。威治伍德拥有精明的商业头脑，在1759年成功创立了玮致活陶瓷公司。

当威治伍德完成了陶匠学徒阶段，学满有成的他在1754年获得当时英国最著名的陶匠家汤姆斯·威尔顿邀请为合作伙伴。在1759年，30岁的威治伍德成立了玮致活公司，努力不懈地将其家庭工业带进工业革命。在1759年，威治伍德发明了独门的“乳白瓷器”，推出后迅即大受欢迎，更荣获英国皇家选用，夏绿蒂王后特许以“皇后御用瓷器”为名。这项殊荣

这款名叫“金鸟”(Golden Bird)的咖啡具采用了玮致活存档于18世纪的一种风格，灵感来自于英国当时的工艺美术运动——威廉·莫里斯设计的反光装饰设计。咖啡杯有多幅精美的金鸟图案，并配有色泽绚丽的金条装饰。

让玮致活瓷器在上流社会中崭露头角，全欧洲皇家贵族竞相以拥有一套玮致活的餐具宴客为荣。当时俄国的叶卡捷琳娜女皇也是玮致活的忠实拥护者，一次订购了全套952件乳白陶器组，每件器皿上绘以英国风光，共1244幅不同图案，全部由威治伍德以工笔绘制，使整套餐具成为名副其实的艺术品。著名的“罗马波特兰”花瓶现藏于大英博物馆，已经成为英国的国宝。1793年英国使团出使中国，玮致活瓷器也是献给乾隆皇帝的礼物之一。1902年罗斯福总统白宫之宴，1935年玛丽皇后号豪华邮轮首航，1953年伊丽莎白女王加冕典礼，在这三场世纪著名盛宴中，玮致活皆以其精致青花骨瓷餐具艺术品参与其中。

1768年，威治伍德成功研发了首个以“埃及黑石”器具为制作蓝本的“黑色玄武岩”系列。将质料粗糙的“埃及黑石”优化成精美细致、质感幼滑的黑色玄武岩。不少玮致活珍藏品如“浮雕玉石”（Jasperware）亦以优质的“黑色玄武岩”来点缀。这工艺精品至今仍用于制作牌匾、雕像、奖章、贝壳浮雕，以及具有实用性的餐具和花瓶。而最为人熟知的玮致活作品则是“浮雕玉石”，这种坚硬的石陶是品牌创始人威治伍德经历千百次试验研发而成的。

浮雕玉石质料细致，明亮光泽，可烧制成蓝色、绿色、淡紫色、黄色或黑色，以配合乳白色的手绘浮雕，来制成独一无二的艺术品。时至今日，浮雕玉石仍获全球公认为最具代表性的玮致活系列艺术品。

然而，艺术只是玮致活的一面，货真价实的实用性才是玮致活一直创作的主干，也是因为这种品质，使玮致活的陶瓷作品深入到平常巷陌间，让不同阶层的人都能感受其优雅的气息。

玮致活各阶段的作品因主创设计师的不同风格有较大差异，因为是皇家御用瓷器，玮致活的作品大都采用圆弧线形，造型圆润而精致，以金色或银色金属镶边勾勒出器皿轮廓，壁上或绘以浓重色彩，或点缀淡雅的小碎花或水果图案，前者纯正色彩彰显的是皇室的华贵气度，后者则是英伦田园风光的细节描绘。让人吃惊的是玮致活的惊人耐力，四只咖啡杯就可以托起一辆15吨重的运土车。

经过百年经营，玮致活俨然成为精品餐瓷的代名词，为了丰富商品的系列，于1986年与爱尔兰水晶品牌沃特福德合并，正式成立沃特福德—玮致活集团，随后于2005年合并英国皇家道尔顿（Royal Doulton）品牌。如今，该集团每年的瓷器生产量占全英国瓷器总量的25%，更曾十一度获得女皇授予奖章以表彰对出口贸易的贡献。

【精品赏鉴】

欧洲人一提起威治伍德总是会浮想联翩，一如法国人说到拿破仑时的敬畏，或者是英国人提及女王时的爱戴。他是一位瓷器历史的撰写者，更是一个瓷器艺术的革新者，以一个君王的气概去引领一段潮流，再在这个潮流里加入贵族的气质、上流社会的印记、艺术家的内涵……

“海洋女神”咖啡具系列

英国人对海洋的感情超过了绝大部分欧陆国家。玮致活，这个来自英国的全球知名瓷器品牌，在2007年的春天，发表一系列“海洋女神”瓷器，并且将2007年定为“海洋女神年”，以“追求极致和谐之美”为系列主要诉求。

海洋女神咖啡具系列代表了玮致活250年的光荣历史，是其技术、文化、理想的完美结合体。在将近250年的历史里，热爱玮致活的人士，都可以在玮致活的许多系列设计作品里，找到来自爱琴海的古希腊文化的灵感与意象，也就是古典主义风格与语汇。爱琴海位处东西方文化交界处，古希腊人很早就将东西方文化完美融合，创造他们文化中独特的极致和谐之美。海洋向来被认为是众神的魔幻舞台，连接着各个大陆，形成和谐的世界。“海洋女神”系列餐瓷的主色调来自海洋与天空的蓝，古希腊的爱琴海色与天空的湛蓝给予“海洋女神”系列色彩优雅的完美调和。

“海洋女神”系列以玮致活的优质骨瓷制成，以深浅不同的蓝陪衬洁白的瓷身，产生和谐之美。图样采用古典的语汇，大大小小的卷花、茶壶、浮雕图案、花篮和鸽子，在餐瓷上排列有致，繁盛仿如由花带串联起来。简洁的线条配上优雅的蓝白色，现代与古典的完美融合，易于陪衬不同的咖啡品种风格和场合。此系列亦可作为礼品，其中尤以26 厘米的方形碟子最为名贵大方。

“海洋女神”系列的设计主题，是意大利的知名画家波提切利（Botticelli）的知名作品《春天》中，三位侍奉爱神维纳斯的女神。传说她们是希腊神话中天神宙斯的女儿，象征着光辉、喜悦与繁盛，就如希腊神话中众神的特性：代表许多重相互矛盾的意义，她们也同时代表爱欲、纯洁与美。美被认为可以让爱欲与纯洁这二种相反的特质和谐，以致统一。

值得一提的是，这套“海洋女神”咖啡具是以玮致活独有的“精致骨瓷”技术打造而成，每个器具中均添加了 51%的动物骨粉，以拥有全世界最高的动物骨粉含量为特征，质地比一般瓷器更加坚硬不易碎裂，且具有良好的保温性以及透光性，同时兼具了美观以及实用的价值；骨粉成分添加比例的多寡，除了直接影响骨瓷商品的特性，更是品牌工艺技术的展现。

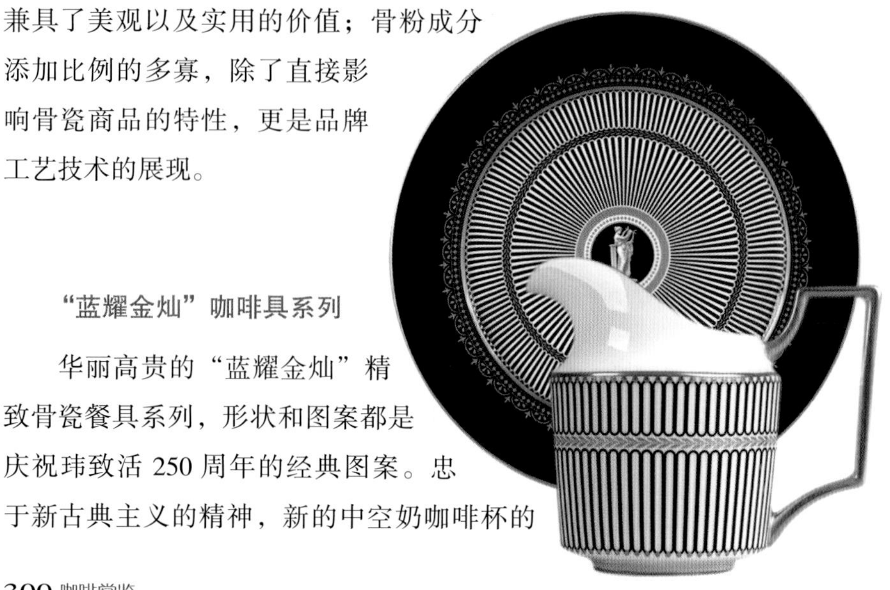

“蓝耀金灿”咖啡具系列

华丽高贵的“蓝耀金灿”精致骨瓷餐具系列，形状和图案都是庆祝玮致活 250 周年的经典图案。忠于新古典主义的精神，新的中空奶咖啡杯的

玮致活“蓝耀金灿”系列，是欢庆玮致活 250 周年代表作品之一。

形状设计灵感来自于过去的大口水壶和瓮缸上的装饰，实用又美丽，新的代表性形状描绘出经典比例的完美，这正是玮致活的独到之处。

“蓝耀金灿”系列的设计灵感来自玮致活典藏图库中 18 世纪的新古典主义图案，包括经典人物图像、柱廊、月桂叶和希腊的棕榈叶纹饰等元素，先用手工绘上钴蓝颜料，再加上浮雕金技法做装饰，创造出玮致活新古典主义的当代版典范。

该系列咖啡具是一连串严谨细致的创作过程，陶瓷画师不仅需要具备顶尖的处理技巧，更必须坚持完美无瑕的标准。餐具上的金色浮雕装饰都是用手工方式利用浮雕描绘、装饰而成，配合特殊的陶瓷油膏，再经由多道窑烧工序而成。奢华风尚的格调气息不需言喻，尽在蓝耀金灿系列。

咖啡种类

黑咖啡：很多人以为不加糖和奶的咖啡就是黑咖啡了，这是一个误区。实际上黑咖啡指直接用咖啡豆烧制的咖啡。速溶咖啡是不属于黑咖啡的范围的。

特色咖啡 / 花式咖啡：在咖啡中加入其他东西以产生一种大多数人接受的饮用方式，则称为特色咖啡或花式咖啡。

产地咖啡：产地咖啡是使用单一咖啡产地豆种的咖啡豆来烧制咖啡，比如咖啡店里见到的蓝山咖啡、哥伦比亚咖啡等都是这个范畴。

综合咖啡：综合咖啡又称调配咖啡，调配的咖啡术语称为“Mixing”，也就是混合的意思。因为每种单一豆种的咖啡都有自己口味上的酸味、苦味、甜味、芳香特性。除了蓝山，没有哪一种咖啡是很均匀的，因此各个品种的咖啡豆按不同比例混合，能够产生不同的风味。所有咖啡店的招牌咖啡也大都是一种自己创造配方的混合咖啡，比如你在好点的咖啡店里见到“曼巴”（曼特宁与巴西圣多斯混合），就是其中一种。

产品咖啡：产品咖啡是指使用不同的咖啡豆经过生产厂商的特殊工艺而非单一烘焙产生的咖啡豆。比如现在常见的无咖啡因咖啡和低咖啡因咖啡。尽管这样的咖啡已经失去了喝黑咖啡的本意，但它们还是属于黑咖啡的。

风味咖啡：具有各种不同风味的咖啡，也指加入了伴侣的咖啡。

荷兰式咖啡：水滴式咖啡的一种。在细研磨的咖啡粉中倒入水，缓慢萃取。荷兰殖民统治时代的印度尼西亚人发明的咖啡萃取方法，所以叫荷兰式咖啡。

美式咖啡：深受美国人喜欢的浅焙咖啡，在日本人看来类似于茶的饮料。饮用时，不加糖和奶精，咖啡口味淡。

罗布斯塔咖啡：咖啡三大原种之一。原产于非洲的刚果，卡尼布拉的变种。种植于低地，其风味口感不如阿拉比卡。常被用于加工制作速溶咖啡。酸味弱，苦味强。

榛果咖啡：属于拿铁咖啡的一种，只是里面放了不同的糖浆。香草拿铁、奶油与太妃糖粒的组合让人意犹未尽，风味绝佳。

白咖啡：马来西亚的土特产，至今已有100多年的历史。白咖啡并非指咖啡的颜色是白色的，而是指这种咖啡采用特等的阿拉比卡、罗布斯塔等顶级咖啡豆及特级的脱脂奶精原料，经中轻度低温烘焙及特殊工艺加工后大量去除咖啡因，去除高温炭烤所产生的焦苦与酸涩味，将咖啡的苦酸味、咖啡因含量降到最低，不加入任何添加剂来加强味道。它甘醇芳香不伤肠胃，保留咖啡原有的色泽和香味，颜色比普通咖啡更清淡柔和，淡淡的奶金黄色，味道纯正，故得名为白咖啡。

鸳鸯咖啡：源自香港的鸳鸯咖啡，用奶茶与咖啡融合，属于香港独创。

速溶咖啡：速溶咖啡最早出现在1901年，一位日本裔的美国化学家发明。但这种冲泡方法直到雀巢公司在1938年开始以商业手法行销之后，才被广泛地接受。也因为它，速溶咖啡的品质才得以在短短的时间内飞速提升。溶解法使得人们更容易喝到咖啡，简直可以随时随地来一杯好咖啡。

精品咖啡：从种植、采收到处理都极其仔细的咖啡，有别于一般大量生产的咖啡，可以说是咖啡界的顶尖产品。目前美国与欧洲都有精品咖啡协会，专门做精品咖啡的推广。

麦威滤泡式烘焙咖啡：麦威咖啡是用最简单的方法，享受最纯正的咖啡——速溶咖啡的方便、烘焙咖啡的香醇可口！麦威咖啡是滤泡式研磨烘焙咖啡，冲泡简单、卫生，且香醇可口。麦威咖啡使用专业手工选豆方式选择上好咖啡豆并通过炭火、红外等方式烘焙后研磨成咖啡粉。在烘焙咖啡饮用过程中，每个人可根据自己的喜好添加适量的奶精、糖、酒、奶油、冰激凌、巧克力等，找到适合自己的口感。世界上90%的知名咖啡产品均是烘焙咖啡。

咖啡豆

哥伦比亚咖啡豆：哥伦比亚、坦桑尼亚、肯尼亚三国生产的咖啡豆的总称，是高品质的水洗阿拉比卡咖啡豆。在咖啡的国际交易市场上的一种产地分类方法。

阿拉比卡咖啡豆：咖啡三大原种之一，另外两种分别是罗布斯塔和利比里卡。三大原种之中，阿拉比卡质量最好，但栽培时也最易得枯萎病。主要种植于南美、美洲、亚洲的高原地区。

利比里卡咖啡豆：咖啡三大原种之一。非洲西部原产的利比里卡咖啡，果实较阿拉比卡和罗布斯塔大。主要种植于低地，对于环境的适应力强，不易感染病虫害。苦味浓郁，顶部呈菱形。如今，只在利比里卡、苏里南等局部地区种植。

老豆：距离采收时间已经过一年以上且水分含量少的生豆。相对于采收当年即上市的新豆（New Crop）与次年才上市的“旧豆”（Past Crop）而言。

陈豆：采摘后存放 3 年左右的生咖啡豆。含水量少，也叫作陈咖啡豆、旧咖啡豆等。

非水洗咖啡豆：阳光自然干燥后加工成的咖啡豆。也叫作自然咖啡豆。

圆豆：咖啡果实在成长的过程中，里面的一对种子中的某一颗发育特别好，而将另外一颗种子“吃掉”，使得应该是椭圆形的咖啡豆变成圆形。

象豆：体形比一般咖啡豆大，滋味通常平淡。

瑕疵豆：外形破碎、不正常或是有虫蛀痕迹的生豆。

咖啡替代品：用咖啡以外的原料做成的味道类似于咖啡的饮品。在战争期间，用大豆、百合根、栗子、灌木等煮出了咖啡的替代饮品。最常见的就是“蒲公英咖啡”，它是用蒲公英的根部干燥后制成的健康饮品。还有一种就是“黑豆咖啡”，是黑豆烘焙后制成的咖啡，对治疗肩膀僵硬以及寒征很有效。

咖啡皮：被比作羊皮纸的咖啡内果皮的名称。附带咖啡皮的咖啡豆在干燥后被叫作羊皮纸咖啡豆。咖啡皮的附着不会对咖啡的风味产生太大的影响，脱壳后的咖啡豆口感芳醇。在有些产地，这种带咖啡皮的咖啡豆也可以进行交易。

咖啡风味

单宁（Tannin）：俗称“单宁酸”，简单地说就是咖啡涩味的来源。萃取过度时单宁产生的状况会特别显著。单宁能够促进胃液分泌，消除自由基。

绿原酸：咖啡中所含的一种单宁成分，是咖啡风味的基础。有利于健康，近年来很受瞩目。

咖啡因（Caffein）：植物中所含的带有苦味的生物碱的一种。除了咖啡，茶叶中也含有咖啡因。主要有令人兴奋、利尿、强心等作用。摄入的咖啡因在体内氧化转化为尿酸，利于排泄。

风味（Flavor）：是香气、酸度与醇度的整体印象，可以用来形容、对比咖啡的整体感觉。

酸度（Acidity）：所有生长在高原的咖啡均具有酸辛、强烈的特质。此处所指的酸辛与苦味或发酸不同，也无关酸碱值，而是促使咖啡发挥提振心神与涤清味觉等功能的一种清新、活泼的特质。

醇度（Body）：指咖啡入口后的那种厚重感、浓稠的质感。醇度的变化可分为清淡如水到淡薄、中等、高等、脂状，甚至某些咖啡如糖浆般浓稠。

气味（Aroma）：是指调理完成后，咖啡所散发出来的气息与香味。Aroma 通常具有特异性，并且是综合性的。用来形容气味的词包括：焦糖味、炭烤味、巧克力味、果香味、草味、麦芽味、浓郁、丰富、香辛等。

质感、口感（Body，Mouthfeel）：质感是指咖啡在口中浓稠黏滑的触感，约和咖啡中的胶质悬浮量成正比。由于整个口腔都会感受到质感，我们用“丰厚”来形容质感浓稠的咖啡，反之则用“单薄”。质感单薄的咖啡口感像酒或是柠檬水，而质感丰厚的咖啡口感则像是全脂鲜奶或是糖浆。

复杂度（Complexity）：指同一杯咖啡中所并存的不同层次的特色，复杂度高，表示可以感受到的感官刺激种类较多。要注意的是这些感觉包括了余韵，不一定限制于喝时的当下感受。

咖啡工序

焦糖化测定器：这是美国所使用的烘焙度指标。烘焙度是由最浅的 100 号到最深的 25 号，以“烘焙度是 Agtron 50 左右”的数值来表示。测定是依靠名为“Agtron M-Basic”的特殊色差仪判断。

风味检测：鉴定咖啡质量的风味检测，鉴定者被称作风味检测师。

Hand pick：手工甄选咖啡豆的工作。

烘焙：烘焙咖啡的步骤，也称煎焙。

干燥法：利用日晒使咖啡果肉与种子分离以取得生豆的方式。

水洗法：利用水来处理，使咖啡果肉与种子分离以取得生豆的方式。

半水洗法：前半段用日晒，后半段用水洗，使咖啡果肉与种子分离以取得生豆的方式。

银皮：生豆表面的一层薄膜，通常烘焙时会脱落。

第一爆：咖啡豆烘焙过程中，温度在 190—200 摄氏度时所产生的爆裂反应。

第二爆：咖啡豆烘焙过程中，温度在 230 摄氏度左右时所产生的爆裂反应，爆裂声音比第一爆小而且密集。

排气反应：咖啡豆烘焙完成后会继续排放二氧化碳的反应。

养豆：咖啡豆烘干之后不立即饮用，保存数天让排气反应完成，使咖啡豆的风味完全成熟。

杯测：一种检测咖啡品质的方式，基本上是把磨好的新鲜咖啡豆置于杯中，冲入热水后浸泡一下，然后不经过滤直接用小汤匙舀出来试喝。

萃取：透过液体将所需的物质溶解后析出。

氧化：物质与氧气发生化学作用而形成新的化合物。

焦糖化：咖啡烘焙过程中的化学反应。又称梅纳反应，为高温下所产生的化学变化，虽有“焦”字，但与燃烧现象无关。

闷蒸：使用滤冲式冲煮咖啡时先注水至咖啡粉中，然后暂停注水，借由延长咖啡粉与水接触的时间，以萃取出更多的咖啡风味。

咖啡冲泡方法

虹吸式冲泡法：利用蒸气压力原理，使被加热的水由下面的烧杯经由虹吸管和滤布向上流升，然后与上面杯中的咖啡粉混合，而将咖啡粉中的成分完全淬炼出来。经过淬炼的咖啡液，在移去火源后，再度流回下面的烧杯。

滤纸式冲泡法：这是家庭主妇发明的方法，典型的家庭方法。在冲泡时，利用滤纸过滤掉所有的咖啡渣，滤纸每次用完即丢，以得到清澈香醇的咖啡。使用滤纸式咖啡壶时，宜选用细细研磨的咖啡粉，可得到最佳的冲泡效果。

滤布式冲泡法：利用“老汤熬新药”的原理，这是内行人所钟情的冲泡法，因为过滤用的绒布经反复使用之后，咖啡的油脂会附着于绒布的纹路上，使得咖啡变得更加香醇。

水滴式冲泡法：水滴式咖啡又称荷兰咖啡，冲泡用的滴壶是巴黎的一个大主教发明的。此法使用冷水或冰水来淬炼，让水以每分钟 40 滴的速度，一滴一滴地萃取咖啡精华。

烹煮式冲泡：所谓烹煮式冲泡，就是将咖啡粉在水中煮沸析出咖啡的方式，其中最具代表性的是“土耳其式咖啡”，其特点是用这种方法制作的咖啡不需过滤咖啡渣，而是把咖啡渣和咖啡一起饮用。其独特的饮用方式，能让人感受到咖啡中最淳朴原始的味道，这种方式也是目前中东和非洲部分地区普及的饮用方式。

意大利浓缩咖啡冲泡法：意大利浓缩咖啡冲泡法是一种冲煮咖啡的方法，一杯意式浓缩咖啡的标准是：咖啡粉在 7 克左右，水温 95 摄氏度左右，水压在 10 个大气压左右，冲煮时间在 22—28 秒之间。如果水温太低，会造成萃取不足，只能煮出一杯风味不足、味道偏酸的意式浓缩咖啡。但水温过高，将造成咖啡过度的苦与涩。一般的热水冲泡法，只能将咖啡可以溶于水的物质萃取出来，而意大利浓缩咖啡冲泡方法可以用高压萃取出咖啡中不能溶于水的物质。高压使咖啡中的脂质完全乳化，溶入水中。而它的冲煮时间将决定这杯咖啡的特色，这种咖啡壶用高压萃取咖啡的风味，约在 25 秒完成。

咖啡壶

滴漏式咖啡壶：滴漏式咖啡壶属于电咖啡壶中的一种，电咖啡壶一般有三种：滴漏式咖啡壶、真空式咖啡壶、渗滤式咖啡壶。作为最早的咖啡壶产品，真空式电咖啡壶冲制的咖啡味道浓厚，但其结构复杂，容易发生故障。渗滤式咖啡壶价格低廉，但使用不太方便，可靠性较差。滴漏式咖啡壶是一种经典的滴式过滤器。它操作简单，制作高效，品质较为稳定可靠，最适合家庭、办公使用。

日式咖啡壶：又称虹吸壶，底座带有酒精灯，上面有两只玻璃球。用日式咖啡壶烧制咖啡需要一定的冲泡技术，冲泡过程中需要人为用手晃动下方的酒精灯以控制温度。适合有时间、有闲情的人使用。日式咖啡壶要求的咖啡豆研磨度略粗，适合略带酸味的单品咖啡。

美式咖啡壶：基本为电力焖煮的咖啡壶，适合中度或偏深度烘焙的咖啡，研磨颗粒略细，口味偏苦涩。美式咖啡壶有保温功能，但缺点也显而易见，保温时间过长，咖啡较容易变酸。

意式咖啡壶：是通过高压高温让蒸汽快速通过咖啡粉萃取咖啡的机器，煮咖啡的最佳温度在90—98摄氏度之间。和日式咖啡壶相比较，意式咖啡壶的温控做得很好。另外意式咖啡壶往往还有温杯的功能，这个细节很重要，用凉的杯子盛咖啡口感略差。

虹吸式咖啡壶：又叫“玻璃球”或“虹吸式”，是比较流行的经典咖啡壶，简单好用。虹吸式咖啡壶也称塞风壶或真空壶，分上下两截，玻璃材质，下方装酒精灯或瓦斯灯加热，咖啡豆要磨成中等粗细放在上方，中间隔有包布滤网。虹吸式咖啡壶诞生于1840年，英国人拿比亚用化学实验用的试管做蓝本，发明了第一个真空式咖啡壶。两年后，法国巴香夫人加以改良，发明了经典的上下对流式虹吸壶。20世纪中期，虹吸式咖啡壶走入丹麦和日本。在丹麦，虹吸式咖啡壶又得到进一步的提升，一位叫皮特·波顿的丹麦人因嫌法国制造的壶又贵又不好用，跟建筑设计师合作开发了第一支造型虹吸壶，并以桑特思的名字问市。

摩卡咖啡壶：也叫意大利式浓缩咖啡壶，主要是利用高压方式让热水快速地穿过咖啡粉，在短时间内将咖啡的精华萃取出来的咖啡器具。最早的咖啡壶出现在20世纪初，1933年一名叫阿尔范索·比乐蒂的意大利人发明了第一个摩卡咖啡壶，并且其造型与材质一直延续至今。它独特的造型甚至在“20世纪意大利最具影响力设计”中与1946年的伟世牌机车及1957年的菲亚特500型汽车同列榜上，创下从1950年到20世纪末全球销量3个亿的纪录。

比利时皇家咖啡壶：又被叫作维也纳皇家咖啡壶或平衡式塞风壶。它的造型非常特别，很像我们爱玩的跷跷板，冲泡咖啡讲究的是一种奇妙的平衡之道。比利时皇家咖啡壶在19世纪中期是欧洲各国皇室的御用咖啡壶。19世纪中后期，欧洲社会名流不只要求最好的咖啡烹制技术，同时也要求有精致的手工艺术。此款皇家咖啡壶的发明者英国造船师詹姆斯，为了彰显皇家气派，命比利时工匠费心打造了造型优雅的壶具，包金铸铜，把原本平凡无奇的咖啡壶，打造得光灿耀眼、体面非凡。

活塞式咖啡壶：“活塞式”咖啡壶其实很像中国民众常用的茶壶，不同点在于，茶壶通常有一个内置的滤网将茶叶与茶汤分开，而活塞式咖啡壶是利用“活塞”往下加压，令咖啡汁液与渣滓分开，用活塞式咖啡壶也可以直接冲泡茶叶。活塞式咖啡壶于1933年由一位叫卡利曼的意大利人发明。后来为了在战争期间逃离意大利，卡利曼把设计和专利卖给了瑞士。活塞式咖啡壶的唯一缺点是不能保温，不过它量大的优点足以弥补这个缺点，并且很适合日常家用。

阿拉伯咖啡壶：经典的阿拉伯咖啡壶形同其名，非常具有阿拉伯特色。精致的铜身，装饰壶身的五颜六色的圆球，细长的壶嘴与方便易握的把手，即使不用品尝咖啡，也能感受到迎面而来的异域气息。作为咖啡的发源地，阿拉伯咖啡壶的历史也很悠久，且极具当地特色。

咖啡杯

意式咖啡杯：意式咖啡杯属于小型咖啡杯，容量大约为60—80ml，比较适合用来品尝纯正的优质咖啡，或者浓烈的单品咖啡。由于容量较小，所以饮用咖啡时几乎一口就能饮尽，但恰好由于小而精致，反倒更能凸显咖啡的特色，这种咖啡杯多半用来盛装浓烈滚烫的意式或单品咖啡。

卡布奇诺咖啡杯：属于正规咖啡杯，容量大约为 120—140ml，也是现在最常见的咖啡杯。很多咖啡爱好者都青睐选择这样的杯子，因为它有足够的空间，可以自行调配。卡布奇诺杯一般选用厚壁的瓷杯，主要是为了保证良好的保温性能，杯底和杯口的直径差别不会很大，所以杯壁的角度一般在 100° 左右。

卡利塔式滤杯：常用的代表性滤杯。底部有 3 个滤口，不易堵塞，保证咖啡萃取的顺利进行。另外，底部只有 1 个滤口的单孔式滤杯，是德国的梅丽塔夫人发明的，叫作梅丽塔杯。两者常常被拿来做对比。

梅丽塔式滤杯：使用滤纸的滤泡式咖啡萃取工具。发明者是原西德的梅利塔。滤杯的底部仅有 1 个滤孔。萃取时，开水呈螺旋式滴漏，萃取效果好。

咖啡机器

磨豆机：对烘焙后的咖啡豆进行研磨的工具。大致可分为电动磨豆机与手动磨豆机两种类型。

鼓式烘豆机：另一个名称为滚筒式烘豆机，其烘焙室为筒状，烘焙时可以转动来翻搅咖啡豆。

直火式烘豆机：热源与咖啡豆之间没有完全阻隔，可以直接对咖啡豆加热烘焙的烘焙机。

气流式烘豆机：用热气流烘焙咖啡豆的烘豆机。

半直火式烘豆机：同时具备气流式与直火式加热方式的烘焙机。

螺旋桨式磨豆机：磨刀形状类似螺旋桨的磨豆机。

盘式磨豆机：磨刀为平盘形式的磨豆机。

锥式磨豆机：磨刀为锥形的磨豆机。

咖啡具部件

滤布：滤泡式中使用的代替滤纸的滤布。使用滤布的咖啡萃取方法叫作滤泡式。这种萃取方法可将咖啡具有的独特风味充分萃取出来。

咖啡滤壶：发源于美国的循环式咖啡萃取工具。操作简单，常用于户外。

滤网：按照大小筛选咖啡豆时使用的滤网。滤网数值越大，筛选出的咖啡豆越大。

储豆槽：磨豆机上方存放咖啡豆的空间。

盛豆槽：磨豆机下方盛接研磨完成的咖啡粉之处，营业用机种通常盛豆槽就是分量器。

分量器：一种让咖啡粉定量的工具，通常与磨豆机的盛豆槽结合。

减量板：某些摩卡壶中所附的小零件，主要是让使用者可以放少一点咖啡粉。

泄压阀：摩卡壶内卸除压力用的阀门，当压力到达设定压力便会开启。

聚压阀：摩卡壶内为聚集压力所设计的阀门，构造与泄压阀一样，仅是功能不同。

法兰绒：一种绒布的材质，这里指的是滤冲式咖啡中利用法兰绒来过滤咖啡粉的方式。

金属滤网：滤冲式中利用孔洞非常细密的金属来过滤咖啡粉的冲煮方式。

滤器：Espresso 机器中装咖啡粉的零件，依照不同的形态会有不同的容量。

冲煮头：Espresso 机器出水的地方。

滤器把手：Espresso 机器中，盛装滤器的把手，冲煮时滤器把手要锁在冲煮头上。

无孔滤器：没有出水孔的滤器把手，用途为清洗 Espresso 咖啡机的冲煮头与内部管线。

填压器：把咖啡粉压实的工具，金属制的较佳。

图书在版编目（CIP）数据

咖啡赏鉴 / 李巧长著. — 北京 ：北京工业大学出版社，2014.5

ISBN 978-7-5639-3842-1

Ⅰ. ①咖… Ⅱ. ①李… Ⅲ. ①咖啡—赏鉴 Ⅳ. ①TS273

中国版本图书馆CIP数据核字(2014)第057348号

咖啡赏鉴

著　　者：李巧长
责任编辑：王　倩
封面设计：夏　初
出版发行：北京工业大学出版社
（北京市朝阳区平乐园 100 号　邮编：100124）
010-67391722（传真）　bgdcbs@sina.com
出 版 人：郝　勇
经销单位：全国各地新华书店
承印单位：沈阳天择彩色广告印刷股份有限公司
开　　本：720 毫米×1000 毫米　1/16
印　　张：20
字　　数：277 千字
版　　次：2014 年 6 月第 1 版
印　　次：2014 年 6 月第 1 次印刷
标准书号：ISBN 978-7-5639-3842-1
定　　价：118.00 元